◆ 青少年做人慧语丛书 ◆

不必让所有人都喜欢你

◎战晓书　选编

吉林人民出版社

图书在版编目(CIP)数据

不必让所有人都喜欢你 / 战晓书编. -- 长春 : 吉林人民出版社, 2012.7

（青少年做人慧语丛书）

ISBN 978-7-206-09132-2

Ⅰ.①不… Ⅱ.①战… Ⅲ.①自信心 – 青年读物②自信心 – 少年读物 Ⅳ.①B848.4-49

中国版本图书馆CIP数据核字(2012)第150835号

不必让所有人都喜欢你

BUBI RANG SUOYOU REN DOU XIHUAN NI

编　　者 : 战晓书

责任编辑 : 李　爽　　　　　　封面设计 : 七　洱

吉林人民出版社出版 发行 (长春市人民大街7548号　邮政编码 : 130022)

印　　刷 : 北京市一鑫印务有限公司

开　　本 : 670mm×950mm　　　 1/16

印　　张 : 12　　　　　　字　　数 : 150千字

标准书号 : 978-7-206-09132-2

版　　次 : 2012年7月第1版　　　印　　次 : 2021年8月第2次印刷

定　　价 : 45.00元

如发现印装质量问题,影响阅读,请与出版社联系调换。

目 录

CONTENTS

有心计而不工于心计

工于心计多给人以不好的印象。刘邦战胜项羽原因很多，刘邦工于心计便是其中一条。他自己肯定没有料到，他虽得意于一时，但却给后人留下一个不佳的口碑。刘备当着赵云的面摔阿斗也是工于心计，说白了就是通过斗心眼，谋求他人对自己的信任与忠心，从而使自己获得更大的利益。这是对他人情感的一种欺骗，不是光明磊落的为人处世的态度。如果人人都热衷此道，这个世界就毫无真诚可言了。

然而"心计"却并非纯粹的贬义词，工于心计不好，并不是说人生在世完全不需要心计。应该说只要不是以欺骗与愚弄他人为前提的心计，还是多多益善的。因为人际关系错综复杂，不多动些脑子，不多想些法子是不可能处理好的。万花筒般的世界不断地处于变化之中，没有心计是应付不了的。这种平平和和的心计与蓄意险恶的工于心计完全不是同一个概念。

从字面上分析，"计"是计算、核算、谋略的意思。遇事，合计一下，确立一个方案再行动，这就是心计。草率行事，任性而为，很容易事倍功半，甚至弄出差错。因为人既是理性的，又是非理性的（或曰感性的）。比如，一个很在乎外在容貌的人让你猜他（或她）的年龄，不妨往小里说几岁，以取其悦。这种友好的"假话"不同于工于心计的假话。这样做，于己无损，于人有益，何乐而不为呢？朋友病了，不厌其烦地多问候几次，朋友遇到困难了，即使自己帮不上忙也表示一下关心与同情，这些都是顺手牵羊即可为之的小事，却对增进友谊、加深感情大有裨益。心计也许能帮你摆脱困境，也许能给你带来乐趣，也许还能让你分享它的果实。

在美国发生过这样一个脍炙人口的真实故事：四个年轻人同时求职，口试与笔试难分伯仲，这下可难坏了主考官，因为公司只招聘一名职员。主考官向总经理汇报了这一情况，总经理决定亲自接见四名应聘者。接见后请他们在一家中国风味的餐馆吃饺子。吃的时候，总经理故意与他们谈笑风生，扯些天南海北的话题。饭后总经理漫不经心地问这四个人吃了几个饺子，其中三个人说不知道，只有一个人说，吃了24个。于是，总经理当场拍板，这个吃了24个饺子的小伙子被录取了。原因很简单，他有心计，连吃饺子都要数一数吃了几个——而公司正需要这种对什么事情都留心的人。这至少说明他的心没有促狭到只关心自己功利的地步，还保持着对功利之外其他领域的敏感。

不妨推而广之，把心计理解为对人生的关怀与思考。人生属于每一个人，但并非每一个人都认认真真地思考或感悟过。有些人不自觉地把人与人生隔开，成为绝缘于人生的人。这是非常不幸与可怜的。他们在无止无休的个人得失中腾挪，不屑细细地品咂人生况味，享受人生本来的香醇。也许他们很有钱，很有势力，但他们的脚却踏在了人生大舞台之外，他们没有真正亲吻过人生，充其量只能算是人生的看客，而不是人生的主宰。这样，就与那些比金钱与权势更能给人以怡悦的东西失之交臂了，相反，关心周围的世界，关心他人的喜怒哀乐，关心这个世界所发生的一切，关心人类共同的命运，就会永葆对人生的新鲜感。这样，生命就不再是浮游一现，而会在某种意义上回归到永恒。

（王文元）

试着改变自己

关于皮鞋的由来，有这样一个故事：从前，还没有发明出鞋子以前，人们都赤着脚走路，不得不忍受着脚被扎被磨的痛苦。某个国家，有一个大臣为了取悦国王。把国王所有的房间都铺上了牛皮，国王踩在牛皮地毯上，感觉双脚舒服极了。

为了让自己无论走到哪里都感到舒服，国王下令，把全国各地的路都铺上牛皮。众大臣听了国王的话都一筹莫展，知道这实在比登天还难。正在大臣们绞尽脑汁想如何劝说国王的主意时，一个聪明的大臣建议说：大王可以试着用牛皮将脚包起来：再拴上一条绳子捆紧，大王的脚同样能免受痛苦。于是，鞋子就这样发明了出来。

把全国的所有道路都铺上牛皮，这办法虽可以使国王的脚舒服，但毕竟是一个劳民伤财的笨办法。那个大臣是聪明的，改变自己的脚，比用牛皮把全国的道路都铺上要容易得多。按照第二种办法，只要一小块牛皮，就和将整个世界都用牛皮铺垫起来的效果一样了。原来，许多时候，我们是可以通过改变自己来适应环境的。

置身现实生活中，我们常常会感到周围环境不如人意：自然条件的恶劣，人与人之间的相互倾轧，工作压力太大报酬太低……面对这种种烦恼，不少人整天抱怨生活待自己太薄，牢骚满腹，怨天尤人。

其实，静下心来想一想，我们就会明白，即使是皇帝，也没有能力让周围的一切尽如己意。对周围的环境，我们可以想办法来改变它，将现实中不令人满意的成分降低到最低限度。但环境是巨大的，人是渺小的，当现实很难改变的时候，我们则可以通过改变自己来适应环境。就像故事中的那位皇帝，可以用牛皮包住自己的脚对付路上的碎石——这是我们很多时候的一种选择。路还是原来的路，境遇还是原来的境遇，而我们的选择灵活了，路和境遇所给予我们的感受也就截然不同了。

（张峰）

保留"生命的本色"

给你讲两个故事：

在英国有一个非常有名的马戏团，马戏团的台柱子是两个对比鲜明的男女演员，男演员是一个奇丑无比的小丑，女演员是一名貌如天仙的驯兽员。一美一丑两名演员吸引着成千上万的观众，使马戏团的生意日益火爆。

由于女演员长得太美了，身后总有大批追求者，那些追求者中有英俊不凡的，有家财万贯的（当然也有小丑，只不过他只敢把爱埋在心里）……但她却一个也看不上，谁也没有料到她竟然爱上了奇丑无比的小丑，并和小丑商量准备举行婚礼。如此美事从天而降，小丑幸福得简直不敢相信这是事实。离婚礼还有一个月的时候，小丑偷偷地找到了一名医术非凡的整容师，花大价钱为自己整容，小丑想给未婚妻一个惊喜。经过精心整容后的小丑与从前相比已是判若两人，看着镜子里英俊的面容，小丑欣慰地笑了。

当小丑信心十足地来到未婚妻面前，把一切都告诉她时，未婚妻先是无比惊奇地看着他，然后十分痛苦地对小丑说："我们分手吧!"小丑大惊失色地问:"这是为什么?"

未婚妻告诉他:"你那些被别人认为奇丑的面貌特点,在我眼里是那样美,那样令我着迷,那是你与生俱来的别人不可能有的个人特点,那是你生命的本色,而你却把它丢了,如今你变得让我认不出来了,你让我感到非常陌生,你走吧!"

小丑因为丢掉了自己生命的本色而丢掉了爱情。

有一个农民在锄地时,锄到一枚锈迹斑斑的稀有古钱币。农民以为把古钱币上斑驳的锈迹去掉会更值钱,于是就将那枚古钱币打磨得平整光亮,结果,这枚本来价值昂贵的古币变成了一钱不值的铜板。农民哪里知道,古钱币的价值正是体现在它的本色"古"上。失去了本色,古钱币一文不值。

其实在我们周围,有很多类似小丑和农民的精明人,他们喜欢自作聪明,以为任何事物表现得越没有缺陷就越有价值,哪里知道在他们看来有缺陷而被丢掉的部分,其实是最能体现本色、最有价值的部分。譬如真诚善良和圆滑世故——有的人在成长的过程中逐渐丢失了生命中最本色的东西:真诚和善良,而变得圆滑世故。其实本色是最有生命力的色泽,没有了本色就没有了特征,没有了个体价值。人生路上请保留自己生命的本色,只有这样,人生才是有价值的。

(王新)

切勿强人所难

　　与人打交道以自然为上，来不得半点勉强。但我们却常常看到强人所难，结果多为不欢而散。

　　强人所难就是让人勉强去做不愿做的事情。不愿去做又不得不做，就为难，就是以一方作出让步为代价。让步是不愉快的行为，不愉快的事情多了你还能指望其他方面的默契与合作吗？

　　也许你会抱屈，说自己心是好的，但你认为好的别人不一定认为好，把自己的所好强加于人是不道德的。你爱音乐如痴似醉，他不爱音乐无动于衷，这对你是一种享受对他就是一种噪音。你硬把他拉到华贵高雅的音乐厅去，他便只能坐在那里打瞌睡"钓鱼"了。这叫"强按牛头不吃水"！

　　交往要尽量避免一厢情愿，勉强是不足取的。勉勉强强只会短暂，自自然然才能恒久。

（欧阳斌）

无事生非

没活干的人比有活干的人更难受，难受起来就憋不住四处找活干。本无问题而造出问题，本无纠纷而生出纠纷，是非大致是这样惹出来的。

愈没活干的人，愈有时间、精力和资格品评有活干的人。找出个三错五岔一般是不成问题的。干活哪有不出错不出岔的？鸡蛋里还可以挑出骨头呢！不干活，当然就不会有三错五岔，无错无岔的人说起别人自然更理直气壮。

评戏总是比演戏更容易显示水平。能量守恒定律使不干活的人具备更充沛的精力。过于关注他人常常忽视自己，惹出一大堆是非让人去收拾，起码可以满足一种病态的快意。

有事可忙的人至少有一点好处，那就是无暇给他人添乱。所以适时适度地给没活干的人找点活干并且适当地给予肯定，有助于消减是非。

（欧阳斌）

失败是一座桥

　　永无成功的奋斗是不可想象的，同样，永不失败的奋斗也是不可能的。实际上，失败早已构成了我们生命中的一道风景。生命在充盈着成功的喜悦之时，注定也要品尝失败这枚酸橄榄。

　　失败是一座桥，引你走向一个更加清晰明白的世界。越过它，你会更加清楚地弄明白你是谁，位于何方，要到哪里去——熙熙攘攘的日子与繁琐细碎的"成功"时时刻刻缠住你的时候，你是不会有这样彻底地自我调整的机会的——你应该感到庆幸。

　　失败是一座桥，引你走向成熟。越过它，你将认清不是所有的天都蓝，所有的云都白，你会明白患难之交方见真情，酒肉之徒实不足交。这时，你不仅明了要躲避身前明枪的刺杀，也知晓去防范背后伤人的暗箭——如潮的掌声中，你怎分得清哪里含有善意，什么地方又藏有恶毒呢——你应该感到庆幸。

　　失败是一座桥，引你走向一个更加强大的自我。越过它，你会欣喜地发现一个意志如同淬过火的钢丝般更加坚韧，对自己更加自信、对追求更加执着的全新的自我——不经一番寒霜苦，哪得梅花扑鼻香——你应该感到庆幸。

失败是一座桥，引你走向那祥和的桃花源地。越过它，你会惊讶地发现自己多了一份对别人的关心和理解，也更能与人沟通了，一句话，更添了一份仁者的胸怀——天地之大，莫过于仁——你应该感到庆幸。

失去了方觉其美好。这世上有太多朴素而又平凡的情与物，成功的时候，你根本不会注意到他们，只是因为失败，你才逐渐感知其美丽。七彩的生活本是一曲由成功和失败谱写的二重奏，正是由于二者交替鸣响，它才不致显得单调乏味，才得以婉转流畅。

慢慢地、细细地去咀嚼你的失败吧，正如咀嚼那枚酸橄榄，终会让你唇齿生香，回味无穷。这正是酸橄榄的妙处，也正是失败的妙处。

（冯飚）

逼人太甚

　　春风得意，少年气盛之时，免不了有点咄咄逼人，但绝对不要逼人太甚。逼紧了，逼急了，逼尽了，就把人逼到绝路上去了。置于死地而后生，有时反而逼出有悖初衷的结果。

　　只要不是重大原则问题，我主张还是仁厚为上，怀柔为上。待人处事仁厚一些，心怀慈柔，得饶人时且饶人，于人无损，于己无碍，应可为之而不可弃之。

　　逼人太甚让别人无路可退也让自己无路可退。这一点，人在张狂的时候是很难清楚的。张狂时只是一门心思如何整别人，却没有想到也给自己埋下祸根。祸根既埋，便免不了要抽叶吐芽。今日逼人者，明日被人逼，这样的事情并不少见。

　　　　　　　　　　　　　　　　　　　　　（欧阳斌）

弯下腰个儿不矮

　　弯腰的姿势看起来是不如昂首挺胸威风，也远不及指点江山一览众山小来得气派，可我们常常又必须学会弯下腰，并且唯有弯下腰才更见诚心和真情。

　　就说指点江山，直抒胸臆气吞万里如虎吧。其志高远，其情壮烈，然而不管是改天还是换地，都需要像愚公一样弯下腰，一寸一寸地挖土而后方能移山；也都应如耕夫一般弯下腰一滴汗一滴水地劳作，而后才能谈得上收获。也许弯下了腰，心反倒沉静了，目光更专注，那样疲惫就会消融于沉默之中，执着就会沉淀于坚持之中，弯下了腰，昭昭之志鲜活于昏昏之中，平凡的苦累真切地雕琢着奇伟梦想。

　　即便是昂首挺胸，若要表现人格与气节，不妨以不可侵犯的尊严张扬凛凛之傲骨，以不可辱没的坦荡高擎起浩然之正气，这固然是不可放弃的。然而在真理面前，我们却不可有丝毫的傲慢和得意；即便是怀抱真理，也需弯下腰为捍卫真理而奔忙，也需弯下腰为完善真理而倾心。有时我们可能还会产生偏见和错误，尤其是偏见已使我们感到了窘迫，错误已使我们觉到了尴尬，这时尤需弯下腰向真理道歉，弯下腰痛彻地自我反省。弯下了腰，远比刚愎自用顽固不化更聪明也更明智。

不可否认，生活需要自信，也需要主见。但对于崇高和圣洁我们也需要仰视，对英雄和楷模我们也需要仰慕，这种仰视和仰慕正是我们发自内心虔诚而由衷地弯下腰对其表示了敬意。这里没有丝毫的虚伪和怯懦，恰恰相反，这正是胸怀博大目光辽阔教养浑厚之诚实表现。一个不懂得向高于自己的精神和令自己感动的境界鞠躬的人，一定不会在精神和境界上战胜自己。

即使我们有一百个理由和一千种资本可以高高在上，我们至少还应保持一份谦虚的修养和自律。这样，我们至少保持住了一份清醒的自察和明白的谨慎，而不致在狂妄中迷失和在自得中糊涂。

自觉地在更高追求的意义上弯下腰，步履才会更踏实，于是追求才会扎实和恒久。

如果你是有实力的，如果你是更豁达的，如果你是勇于迎接挑战，并且是敢于和自己较量的，你在拥有一颗倔强、不屈和上进之心的同时，还应有一种弯下腰实干、自省和谦逊的风度。

弯下腰，个儿并不矮。

（黑马白浪）

尊重你自己

那是一次难忘的经历。它让我深深地懂得了一个简单的道理：一个人，只有尊重自己，才能赢得别人的尊重……

在大学毕业找工作那阵儿，我急得像一只"热锅上的蚂蚁"：好单位像夜空里的星星，可望而不可即；差的单位又像根儿鸡肋，弃之可惜食之无味儿。正在两难之际，一纸面试通知书让我顿感"柳暗花明"。

那是在人才交流会上，我看好一家合资企业，留下了材料，可老长时间也没有音讯，我已经不抱希望了，谁料如今"喜从天降"。面试那天，我西装革履，收拾得自我感觉良好，满怀信心而去。

公司果然气派非凡，是一幢十五层的办公大楼。面试也是非常严格的：上午笔试，英语与计算机操作，凭我在大学里的基础，两场考下来，顺利过关；下午将要进行的是面谈，中午休息一个小时，我正好趁这时间准备准备。为了找工作，那阵子我读了很多关于如何应聘的诸如《面试指南》之类的书，无非就是要学会"微笑——微笑是最好的公关""要学会适当吹捧自己"等。脑袋一转，我自信能随机应变。

我被领进一间豪华的办公室，经介绍，才知道坐在我对面的是公司的两位最大的"头脑"：中方总裁与韩方总裁，主持的是一位办公室主任。谈话正式开始，发问的是那位韩方总裁，人称"朴总"。不出我所料，"朴总"首先要求我介绍一下自己。材料我几乎背得滚瓜烂熟，稿子事先也写得有理有度，"谦虚而不自贬，求实而不自夸"。只见那位中方老总频频颔首。正在这时，那位一直面无表情的"朴总"打断了我，操着一口半生不熟的汉语："刚才听你说，你来自沂蒙山区，据我了解，那是个很贫穷的地方，是不是那个地方的人很懒？"

这突如其来的问题让我有点儿猝不及防，同时也有一点儿不快。那位"朴总"说完这话，一直盯着我。我来不及细想，说："总裁先生，你到过我们那儿吗？"

"没有。"

"那么说，您是道听途说了。我可以告诉您，勤劳的沂蒙人民正在用他们勤劳的双手，使山区发生着日新月异的变化。"

"你是在为你的故乡和你的乡亲们辩护吗？"

我有点儿火了，声音不由得提高了："总裁先生，我不知道您在中国生活了这么多年，有没有听过一句地道的中国话：没有调查就没有发言权。我希望您能够做到不仅仅是耳闻，还要目睹。"

奇怪的是"朴总"仍然面无表情："你来自农村，农村比较落后，你是来到这里之后，学会了普通话；如果你到我们公司来，同事们讥笑你，你怎么办？"

我勃然大怒："总裁先生，首先，你也会说中国话，难道你不知道普通话的推广是一种文化进步的标志？作为一个受过高等教育的大学生，我学习的是进步的文明；其次，这个问题简直不成为问题，因而，唯一能让我想到的，就是贵公司此类员工的素质问题。作为公司的高层主管，请问您，您做何感想？"

那位"朴总"还没来得及作反应，便在此时，那位办公室主任发话了："面试结束时间到了，三天之内我们会给你通知的。"

……

回到学校，那天晚上我一直倍感恼火，为那个无礼的"老外"——一个纯粹的"老外"。

第二天，同学喊我去接电话，说是一个公司打来的。我拿起话筒，传来的是那个"朴总"的声音："首先恭喜你被公司录用了；其次顺便向你解释一下，昨天的面试是我们按韩国的方式进行的素质测试，请不要介意。"

噢，上帝，一次多么让人难以理解的面试。后来，我因种种原因，没能成行，但是那次面试却让我终生难忘。因为我知道了怎样尊重自己，怎样让别人尊重。

（王玉明）

经营自己的长处

　　微软公司总裁比尔·盖茨的最高文凭是中学毕业证，因为在哈佛大学他没有读完就经营他的电脑公司去了。他是世界上及早发现自己的长处，并果断地去经营自己长处的人，他成为世界首富不足为奇。

　　人生的诀窍就是经营自己的长处。在人生的坐标系里，一个人如果站错了位置——用他的短处而不是长处来谋生的话，那是非常可怕的，他可能会在永远的卑微和失意中沉沦。因此，对一技之长保持兴趣，相当重要，即使它不怎么高雅入流，也可能是你改变命运的一大财富。在选择职业时同样也是这个道理，你无须考虑这个职业能给你带来多少钱，能不能使你成名，你应该选择最能使你全力以赴的职业，应该选择最能使你的品格和长处得到充分发展的职业。

　　这是因为经营自己的长处能给你的人生增值，经营自己的短处会使你的人生贬值。富兰克林说的"宝贝放错了地方便是废物"就是这个意思。

（刘燕敏）

好人难做

有一则故事：某人初尝练功之苦，略有懈怠，师父问他何故，告曰："练功既苦且难，弟子难继。"师父颔首捻须，继而摇头叹曰："汝知练功难，不知练功学艺乃为人之片耳，汝不知做人诚真难耶！"那位师父所言甚是，练功学艺之事不过是做人的一个方面罢了，而做人却涵盖人生的一切，是为人一生一世的真功夫、硬本领。做人难才是真正的难啊！

做人难，做好人更难。

应该说，每个人做人的初衷都是好的，都希望自己成为人见人爱、人见人敬的好人，没有希望自己一开始就成为坏人、恶人和千夫所指的罪人的。但是，由于后天所受的教育和环境的影响，这种好的初衷却发生了变化。一部分人经不住庸陋世俗的熏染和"魔鬼"的诱惑，放松了思想警惕，将做人的原则和道义统统忘了，于是与好人之道南辕北辙、越走越远。所以便有贪污受贿、吃喝玩乐，有坑蒙拐骗、唯利是图……染上这些恶习而又执迷不悟，那就太危险了。久而久之，便如吸毒上瘾一样，难以救药。如此，如果一方面物欲横流，人心难满，一方面又缺乏严格的他律和自律，做个好人能不难么？

缺少约束和教育的环境固然没有成长好人的土壤，然而，那些甚嚣尘上的小人、恶人、坏人也在侵蚀着好人的容留之地。

好人有颗好心，时常想着他人的疾苦，想着正义、公理和诚善，所以济人患难，所以见义勇为，所以为民请命。济人患难，好人倾囊相助而无怜惜之情；见义勇为，好人赴汤蹈火而无脱辞之意；为民请命，好人生死相许而无苟且之心。好人不奢求名利，只求有颗好心，为保全做人的节义，好人可以置生死于度外。白求恩、雷锋、焦裕禄、孔繁森是好人，他们用自己宝贵的生命谱写了一曲生命永恒的赞歌，而世俗之人却以其生命的短暂来证明"好人命不长"这一庸俗而浅薄的人生哲学；梁强、徐洪刚是好人，他们用自己的痛苦和鲜血换取人民群众的生命安全，而卑怯之人则因梁强重度烧伤、徐洪刚身遭数刀来阐释"好人无好报"这一荒谬而可鄙的喻世明言；陈观玉是好人，她不慕浮华，不求名利，慷慨解囊，扶危济困，她用爱心温暖着那些饱受风寒雨苦的人们，而势利之人却鄙言她钱多没事找事干……为了群众，为了集体，为了国家，好人可以舍弃一切，直至"虽九死其犹未悔"，然而，我们理解他们多少！不仅那些小人、恶人、坏人在与好人斗法，在侵犯好人的生存空间，而且那些明哲保身、猥琐卑怯和自私自利的市侩哲学和这种哲学教化的世人也对好人冷若冰霜。实在是好事多磨、好人难做啊！

好人难做，难在要时时处处严格要求自己，难在要不断努力提高自己的心性；好人难做，难在小人、恶人、坏人的从中作祟，难在世间可悲的庸俗哲学。

好人难做，但贵在难做。在人类社会还未进入共产主义时期，如果做个好人易如拾芥，那么那人必定是个八面玲珑人人言好的"好好先生"，而不是真讲原则和道义的好人。正如"无限风光在险峰"一样，好人贵在难做处啊！

好人难做，但贵在做好。如果不想做个好人，不想对社会负责，不想维护世间的公理和正义，那么做人还不算太难，充其量只为自己的衣食住行而受些劳碌奔波之苦。倘要做个好人，务必要求个"好"字——出自正义者善良者之口的那个"好"字。"好"字易写难得，要是能由他们由衷地说出口来，确实难能可贵。

好人难做，但我们的社会少不得好人。好人越是难做，我们越应努力争做好人，"身经白刃头方贵""梅花香自苦寒来"，不经一番寒彻肺腑的风霜之苦，又何来蜡梅香绽枝头？越是好人难做，我们越应加强社会的民主和法制建设，切实保护好人的合法权益；越应加强社会道德建设，把世间可卑可鄙的庸俗历史的坟茔！

社会需要好人，好人是社会的根！

愿世间好人有好报，愿好人一生平安！

（粟文明）

人生不能没有嫉妒

　　说到嫉妒，有不少人企盼今生今世远离这两字，理由是遭到别人的嫉妒会很容易使自己长期生活在不愉快的紧张的人际关系圈子里，影响、制约自己事业的发展与成功；而嫉妒别人，则证明自己是一个心胸狭窄，无能无德的人。然而，笔者要说人生不能没有嫉妒，正因为人生有了嫉妒，才变得丰富而多彩。嫉妒别人，是一种正常的心理，如果仅仅是嫉妒，而不是变着法去贬低压制对方，那么，要我说，从某种意义上说这是件好事。因为，一个人只有看到了自己的短处，才能承认别人的长处。嫉妒是由羡慕而来的。尽管嫉妒者内心对对方存有忌恨，但这恨并不足对仇敌的恨，而只是对自己人生事业上的竞争对手的一种不服气，一种不甘拜下风的表现。假若一个人连嫉妒优秀人才的意识都没有了，对周围同事的出类拔萃之处无动于衷的话，那这个人应当说已经丧失了一大半的斗志，起码不想与对方比试竞赛一下了。

　　受到别人嫉妒未必一定就生活在不愉快、不和谐的工作学习环境之中。仔细地想想看，受到别人嫉妒你应当感到高兴啊，因为这可是别人对你的能力和才华的一种肯定。一个一生从来未受到别人嫉妒的人，其人生与社会价值体现在哪儿呢？你的才华展露得越多，你做出的成绩越大，就会有更多的人羡慕嫉妒你。你平平庸庸，碌碌无为，行尸走肉，谁还会注意你、嫉妒你呢？

看来，嫉妒别人也好，遭受别人嫉妒也好，都是人生中不可缺少的一道别样的风景线，关键是如何调整好心态，如何正确地赋予嫉妒以新的积极的内涵。先说嫉妒别人。嫉妒别人可以，但却不可与对方有意过不去，采取见不得人的手段诋毁攻击对方，恨不得一拳把对方打入"十八层地狱"，以便自己"出类拔萃"。那样，到头来只能搬起石头砸自己的脚，不但"扳"不倒对方，而且还会使自己身败名裂。正确的做法应当是嫉妒谁，就暗中和谁比个高低，凭着自己的努力和实力，赶上超过对方。这一点对领导者尤为重要，因为在现实生活中，个别领导者嫉贤妒能，使多少人才白白浪费？嫉贤妒能，是自古以来就有的一种旧习惯势力。这种人看不到先进分子的"先进"与他们自身利益的一致性，宁肯自己坏了，也不愿别人好了。难怪一些有识之士感叹：事修而谤兴，德高而毁来啊！

再说遭别人嫉妒。遭别人嫉妒并不可怕。可怕的是被嫉妒自己的人吓住而从此裹足不前，不敢再做"秀于林"之木。周总理以其伟大的人格力量受到亿万人民群众的爱戴，却遭受到了林彪、江青之流的嫉妒、诋毁、陷害，而周总理并没有因此而停止为党为人民工作，不但继续坚定地勤奋工作，而且还以宽广的胸怀宽容他们，向他们动之以情，晓之以理，以挽救他们不要背离党和人民。当发现他们死不悔改时，又同他们展开了针锋相对的斗争。县委书记的榜样——焦裕禄同志一心扑在工作上，却遭到了身边的一位领导干部的嫉妒嘲讽，他便多次主动找其谈心，交流思想，仍像过去一样坦诚待之，最后终于使这位干部认识到了自己的狭隘自私的心理，主动配合焦裕禄的工作。在这方面笔者也深有体会。由于笔者酷爱写作，为人热情、诚恳，发表了不少作品，也交了不少朋友，还得到了领导的赏识，因此招来了一些人的嫉妒，人前背后地对我指指点点，甚至散布一些很不友好的言论，对此，我没有以怨报怨，而是照旧热情、诚恳地对待嫉妒我的人，得知他们遇到难处了，便主动上前相劝，同时，经常诚恳地征求他们对我的意见，不断修正自己的言行，从而逐渐感化了一些人。而我因为未被此所累，工作上取得了不少成绩，团结了更多的人，真是收获不小。

生活中既然有嫉妒，而嫉妒既然并不是无可化解，那么我们何不泰然处之，以一种"看准了的路就一直走下去，休管他人论短长"的义无反顾的精神走出一条闪光的足迹呢？不用嫉妒别人，只需自身努力。遭受嫉妒，笑一笑，友好地向对方伸出一只手，真诚地道一句：来，让我们共同活出一个充实而又丰富的人生！

（郭松）

不必苛求

雨果有句名言：苛求等于断送。

此言不谬。苛者，过分也，而过分又往往意味着不妙。

比如孩子才六岁，就希望他的钢琴弹得如同贝多芬，这可能吗？硬把天真烂漫的孩子困在钢琴边苦练，只会使孩子产生逆反心理，并把练琴视为最大的痛苦。报载，天津的一个男孩就曾因此故意割破自己的手指，如此自戕，不正是对苛求者的一个抗议吗？

再如择偶，如果苛求对方十全十美，只会屡屡落空。因为，人皆有长短，正如天有阴晴月有圆缺，怎么可以苛求对方百分之百灿烂辉煌呢？

人生要有追求，但追求不是苛求，追求更不能苛求。因苛求而受挫的人，不妨调整一下自身的行为。

（张玉庭）

不怕做蛋

这是一个心理学游戏，但最初我们不知道。

那时候马上要大学毕业，我们一届同学整日四散奔于找工作，各怀心事。有人找到了工作，但签的薪水不高；有人正在经历一次次的面试，前途未卜；有人一再碰壁，丧失信心——在就业率越来越低的情况下，找到满意工作的同学很少。

毕业答辩那天，班主任给我们开了个鼓舞士气的小会，之后他说，我们玩个有趣的游戏吧。

他先规定了游戏的四个角色：蛋——抱住双臂蹲下；鸟——站起来，扇翅膀；人——胸前两手搭棚成一"人"字；神——攥拳举起前臂。

规则很简单，所有同学最初全部是"蛋"，大家随意找另一个"蛋"剪子包袱锤，赢了可以晋级为"鸟"，输的继续做蛋；然后鸟去找鸟，蛋去找蛋，剪子包袱锤；胜利的鸟成为人，胜利的人成为神；输掉的神再次成为人……大家就投入地玩这个游戏，叫嚷着，嬉笑着，非常开心，直到班主任喊停。停的时候，有的同学是

"神"，有的是"人"，有"鸟"也有"蛋"。

然后我们围坐一圈，说自己的感受。

"无论做什么都很快乐，最快乐的时候就是寻找到同伴的时候。""做蛋的时候是最不担心的，没什么可怕的。反正再输了也是蛋；但是成为神的时候，就有压力，输了就得降级……""我觉得我老是做蛋，老在人家的腿缝里找同伴……""做蛋的时候，最怕的就是要是一个蛋也找不到怎么办。"

班主任笑呵呵地听我们讨论，之后做了总结。他说："我是10分钟喊停的。试想如果5分钟喊停，或20分钟喊停，结束的时候大家又都是另外一种状态了。可能从没做过神的人也体验过做神了。人并不是在每一个时候都是神、是人、是蛋、是鸟……可能这一刻是神，下一刻就是人了；这一刻是蛋，下一刻是鸟了。"我们纷纷点头。班主任又问："如果你开始是个蛋，结束的时候还是个蛋，会是什么感受呢？"大家纷纷说："那也正常，反正玩得非常开心！""中间体验过神和人就行了嘛！"

听我们这么说，班主任很高兴，他说，前几天，有同学给我发短信，说自己找不到工作，很悲观，他认为人终究是个死，现在又为了生活这么烦恼，真没什么意思。现在，那位同学知道怎么做了吗？

同学们一起回答：知道了。我的声音最大。因为班主任说的那个人，就是我。关于"重在过程"这句话，重复过很多次了。如果班主任把这四个字给我，我或许会弃之如敝屣。但是现在我知道了，此刻我是一无所有的蛋，但只要不断地接受挑战，我总会成为鸟、人，甚至神。而且就算最终我再次成为蛋，也没什么可懊丧的，毕竟，我做过人或者神。还有，只要游戏不结束，我永远都有成为神的可能。

我还怕做蛋吗？

（李月亮）

做人的科学

在日常生活中，有许多科学道理谈到做人，有些时候，也要合乎科学才行。所以说，科学不光是科学家的事，也是我们每个人的事。譬如，热胀冷缩这个最简单的科学道理，对我们大家来说，就是很有启示的。

热胀冷缩，金属物表现得更明显些，因为有膨胀系数这一说。我们乘火车时，为什么火车总是不停地哐当哐当地响呢，就是因为考虑到钢轨的胀缩，所以在接缝处，要预留下一定宽度的缝隙。其实，焊接技术发展到今天，要做到钢轨相接处绝对地严丝合缝，是不费吹灰之力的。但真的如此做了的话，钢轨到了夏天膨胀，到了冬天收缩，那火车可就要出问题了。

非金属物也有膨胀系数。轮船运输散装货物，例如粮食，是绝对不可以将船舱载满的。不是有过这样的例子嘛，一条海轮，船舱里装的是大豆，由于漏水，每颗豆子膨胀出来的面积，变成原来的好几倍。于是，本来挺厚的船板，吃不住劲，崩断了，结果，这条船就沉没在大海里了。其实，我们都喝过的啤酒，里面也有热胀冷缩的道理，易拉罐啤酒，是从不装满的，看不见，晃晃便知道了。玻璃瓶装的，也绝不会满到瓶盖，瓶口处总有那么一点点空。这倒不是啤酒厂想省下那一口，而是怕太满了会爆炸，会出事。

人呢，在生理上也有微弱的膨胀系数。患高血压的病人都有这个体会，到了夏天，血压就要低一些了，因为夏天的血管舒张得多。冬天，是心脏病的多发季节，就是血管收缩的缘故。

不过，说到心理上的热胀冷缩，就明显多了。那些春风得意者、胜券在握者，没有一个不膨胀的，不过，有的人把握得住自己，表现得不那么强烈，有的人沉不住气，头脑一热，管不住自己，什么自以为是啊，目空一切呀，趾高气扬呀，全来了，那一副德行，真让人不敢恭维。即使他再有权、再有势或再有钱，也挡不住别人在他背后撇嘴。反过来，那些运交华盖者、倒霉失败者、栽了跟头者，雪上加霜者，没有一个不收缩的。不过，有的人能够处变不惊、跌倒再来；有的人，一败涂地、一蹶不振，从此唉声叹气、止步不前，好像打了败仗的鹌鹑、斗败的鸡那样，人前抬不起头，人后耷拉脑袋，整个人都垮了似的，就是不正常的收缩了。

因此，在这个世界上做人，要懂得人好比是一个玻璃杯，过热，冲进冷水要炸，过冷，冲进热水也要炸。所以，得意不要忘形，失败仍需努力，无论怎样膨胀和收缩，始终保持不温不火、不卑不亢、不躁不蔫的态度，去待人接物，去处世谋生，那就能永远立于不败之地了。

我们知道，现存于巴黎国际度量衡中心地下室里的长度和重量的标准器，都是用膨胀系数接近于零的贵金属制成的，例如白金。我们也知道，黄金所以值钱，也因为其超稳定性，不太受外界变化的影响而变化。所以，那些一胜则骄一败则馁的人，某种程度上也是自身内在质量存在问题，才受制于外部世界，若是不那么浅薄无知幼稚失态的话，也就不会热胀冷缩得厉害而贻人笑柄了。因此，加强修养、充实思想、锻炼意志、提高质量便是每个人时刻不能忘的事情了。

（李国文）

不要跨出你的圈子

"我不鼓励每个人都变成同一种类型，我的做法是，用粉笔画个圈圈，劝告圈里的人尽量发挥出自己的个性，不要跨出圈子，"这段话是珍恩·卡莱尔在她的一封信里写的，早已非常有名了。卡莱尔能说出这样漂亮的话，与其说因为她是一位非常有才华的诗人，倒不如说是她陪伴、鼓励丈夫的心得。

托马斯·卡莱尔为人粗鲁、怪癖，与人相处也不融洽，而且一穷二白，虽然会写文章，但看上去并没有什么光明的未来。他除了自己的文学才能几乎一无是处。因此，当漂亮、富有的珍恩与他结婚时，他们的婚姻也不被看好。很多人都说珍恩亲手毁掉了自己一生的幸福。

为了让丈夫能够安心写作，婚后，珍恩和丈夫离开家庭、亲戚和友人，来到一个偏远、闭塞的苏格兰乡村，过起了与世隔绝的日子。那段日子，托马斯心无旁骛地读书、写作，珍恩心无旁骛地缝补、做饭、持家、伺候丈夫……在岁月荏苒中，托马斯的作品慢慢受到了文坛的关注，当他写完《克伦威尔的一生》《法国大革命》等文学作品时，托马斯已经是伦敦人崇拜的偶像、爱丁堡大学的校长了……

可贵的是，珍恩并没有从自身的需求出发，特意要求托马斯改变什么，因为珍恩明白丈夫是块当作家的料，所以她遵从了丈夫的意愿并任由其发展。更难得的是，托马斯特立独行，不在乎外界的任何干扰，一心一意按自己的心灵"走路"，全神贯注地著书立说，在自己"写作的圈子"里自由飞翔、翱翔……也许，这就是托马斯成功的要旨所在。

实际上，我们每个人都有一个属于自己的圈子。比如，军人有一个军人的圈子，学生有一个学生的圈子，文学有一个文学的圈子，商人有一个商业的圈子……当然，这里说的圈子，不是世俗意义上的那种圈子，而是指与你所选择的事业相统一和谐的一种环境。比如说，你是一个军事专家，但你不在军事上钻研，反而对演奏产生兴趣，就是你跨出了你的圈子。

珍恩的圈子告诉我们：无论我们从事什么工作，只要是自己心之所爱、所选，并且对其给予百分百的浇灌、付出，就能取得成功。也许，这就是我们常说的"干一行爱一行"。

所以，一个人若想有所作为，就请你像珍恩那样，不要把自己的意愿强加给别人。应该像托马斯那样，对自己充满自信，从不要怀疑自己的才华和智慧，从不在乎别人对你的看法与评说，而安心、安静地待在自己的圈子里，追随自己的心灵，将自己喜欢的事情进行到底。这样，你才能更容易成功。在奋斗的过程中，你的身心、志趣会得到自然的最大限度的发展，而且你还会因为这种付出，而使心灵充实、饱满、圆润。

（路延军）

两地深秋勇敢老

十七岁的夏天，她刚刚考上大学。父亲公司组织员工去大连旅游，父亲把名额让给她，鼓励她独自随团去看看外面的世界。出发那天，父亲把她交给同部门的他，托他一路照顾。

那次旅行，她很开心。在大连的最后一个傍晚，大家往回走时，有些游客在海边搭帐篷，她看着想着，不由得出了神，一个人落在最后。他回头，跑过来拉她，她问他说，你说他们这样睡觉做的梦会不会跟我们不一样？他拖着她一边追着团队一边说，小孩，哪来的这些怪念头。

那天晚上，她早早地在宾馆里躺下，却又睡不着，想着海边的夜晚。快半夜时，她听到敲门，她出去，竟然是他。他小声地说，小孩，我买了帐篷，你还去不去海边？她高兴得差点叫出声来，蹑手蹑脚回房里拿东西。同房阿姨醒了，疑惑地问她要去哪里，她支吾着说，就在门口买个冰激凌。

海边的夜晚，真的是不一样，感觉仿佛星星全都掉进了大海里，而大海仿佛搬家到了天空中。在月光下，他们还捡到了海螺，洗净后放在枕边，梦里就有鱼儿游到耳边。

但是她没想到，第二天晚上回到家后，父亲的脸色会那么难看。原来她还未到家，有关她的传言就到了，说她和他在外面的帐篷里过夜。

她解释，说明明是两个帐篷，而且海边还有很多其他的人，但是没有人相信。一男一女、单独、海边、过夜这些字眼儿，让人们的想象力又膨胀又恶劣。

为了不跟他再有关，父亲决定辞去公司的工作。她天天被关在家里，只等着大学开学了再走。那天，他来了，他是要告诉父亲他没有做错。当时父亲不在，他说完这些，突然说，小孩，对不起。她看着他笑，笑得让他明白他没有做错，他也就笑了。但是他这次来家里，并且单独见她，还是错了。父亲和母亲外出回来，看到他坐在客厅里，那种愤怒就如同看到要带女儿去私奔的那个男人，他被赶走。再过了一些日子，她去大学报到，带走了那晚他们捡的海螺。

她相信他的品行，那晚在海边，本来是两个帐篷，他们各自一个，但是他担心隔着两层帐篷就不能更好地保护她，所以他的那个帐篷他悄悄地拆了，只铺了一张防潮垫，紧挨着她的帐篷睡下。她没有跟任何人解释这个，她十七岁，他二十五岁，解释再多，他们都无法原谅他俩的彻夜不归。她现在只是独自怀念这段被爱护的经历。

七年后，她回家乡工作，他还是单身。

那天，她和几个同事一起去机场，准备去外地参加一个学术讨论会，在候机厅看到他，他也是出差，和几个同事一起。她很想过去跟他说说话，然后对他说，我们回来后，一起吃个饭，和我的父母一起。

但是，时间太仓促，他们各自刚刚离开队伍，同事就开始催促"要登机了要登机了"，于是两人只好彼此挥挥手，回到各自的队伍里。

那种相隔的感觉，让她突然觉得，这就是两地深秋，虽然彼此知己，但是静得可怕。

有时候，爱情就是这样吧，两个人明明都是认认真真地去爱，但就是得不到，一切只因为两地深秋，不见春风。而所谓老，不是人老，也不是心老，而是勇敢老。

（兰小界）

羚羊死因之谜

  2010年10月23日，在南非的一个大峡谷中，人们发现了2700多只羚羊的尸体，从当时的惨状可以看出来，这些羚羊是从大峡谷上面掉到峡谷里摔死的，但它们是怎么掉下来的？难道是集体自杀？可从没听说过羚羊有自杀的习性。

  此事引起了开普敦大学动物学家贝拉教授的关注。贝拉教授首先检查了已被冷藏起来的那些羚羊的尸体，一个个查看，看得很仔细。之后，贝拉教授又在助手的陪同下来到了这群羚羊坠亡的那条峡谷，查看了那里的环境。这一切都做完后，他再次要求去查看羚羊的尸体，最后目光停在了一只健壮结实的大羚羊的尸体上，他吩咐助手把这只羚羊的尸体送到实验室，检查它的视力情况。一天以后，检查结果出来了，报告显示，这只羚羊生前患有严重的眼疾，接近半盲状态。看过报告以后，贝拉教授满意地点了点头，说："羚羊死亡之谜真相大白了。"

  在随后的新闻发布会上，贝拉教授向大家汇报了他的研究结果：这种羚羊有一个习性，就是在每年的秋季要进行迁徙，羊群有一个头羊，这只头羊在前边领路，后边的羊跟着。通过检查得知，这只头羊患了眼疾，当它带着羊群跑到大峡谷上方的开阔地时，由于峡谷边缘有一些半米多高的草，所以它没能发现前面就是万丈深渊，一下子冲了过去，结果摔下悬崖。"现在有一个问题，那就是，其他的羊应该能够发现前面是悬崖，为什么还跟着掉下去了呢?"贝拉教授说，"因为这种羊的习性是一切只向头羊看齐，头羊怎么走它们就怎么走，久而久之，已经形成了依赖心理极重的思维定式，失去了判断能力，所以就纷纷跟着头羊跳了下去!"

"这其实是盲从的悲剧。"贝拉教授最后总结说。

（唐宝民）

有些东西永远不能丢

　　张虹在文化公司做图书编辑，别看她小鸟依人的样子，脾气却犟得像头牛，常常因为工作上的不同意见，跟老总争得面红耳赤。

　　前不久，公司的编辑部主任辞职，最有资格接替这个位置的，只有张虹和李菁两个人。两个人都是公司的老员工，资历相差无几，业务能力也不相上下。所不同的是，李菁更善于处理人际关系，深受老总喜爱。竞争已悄悄展开，两个人都鼓足了干劲，努力表现。

　　偏偏在这个节骨眼上，张虹的老毛病又犯了。由她策划的一套丛书即将上市，就差封面没定。美编送来了两套设计方案，老总看中了第一套，她觉得第二套更好。两个人各执己见，张虹坚持自己的观点，寸步不让。老总没有足够的理由说服她，逼得没办法，只好把李菁叫过来，想听听第三方的意见。

　　李菁刚进办公室，张虹就把她拉过来说："你别管领导什么意思，直接说心里话，你觉得哪套更好？"老总心里本来就窝着火，此时不由得火冒三丈："这话什么意思，你眼里到底还有没有我这个老板？"李菁是个聪明人，刚进门就闻到了火药味，心想管你们怎么定，反正我两边都不得罪。她盯着显示器看了半天，最后很为难地说："我觉得两套封面都挺好，各有各的优点，真的很难取舍。"说了等于没说。老总脸色铁青，张虹满脸委屈，封面定不下来，还闹得不欢而散。

张虹回到自己的办公室，死党悄悄地提醒她："别太认真，公司又不是你的，不管这套书做得好不好，你还是拿那些薪水，犯不着得罪老板，砸自己的饭碗。"她默然不语，死党说得不是没道理。可她天生是个完美主义者，一心只想把事情做好，很少去考虑其他东西。整个下午，她都在心惊肉跳，一想起老总那张阴沉的脸，就忍不住后怕。老总今天很生气，后果很严重，升职就别做梦了，弄不好恐怕要被炒鱿鱼。

果不其然，下午快下班时，老总又把她叫到办公室，开门见山地说道："赶快收拾行李……"张虹再也无法控制情绪，眼泪哗地就流了下来："就算你让我走，我还是要说真话，第二套封面更适合这套书的定位。书是我策划的，我要为它的品质负责。"老总先是茫然，随即扑哧笑出声来："我什么时候叫你走了？""刚才不是你让我收拾行李吗？""对呀，明天的图书订货会很重要，机票都买好了，你不去怎么行呢？"

出差回来，老总宣布了人事任命，张虹升任为编辑部主任。对于这样的结果，所有人都大感意外，张虹本人更是出乎意料。老总专门找她谈心："你肯定觉得奇怪，你老跟我吵，弄得我很没面子，我为什么还要提拔你？因为你的真诚让我无法拒绝。你是最让我头疼的一个，也是最让我放心的一个。"

许多新人初入职场时，都想踏踏实实，努力干一番事业。但是经历的事情多了，有些人就慢慢地变得圆滑起来，学会了察言观色，说话办事不是从公司的利益出发，而是看老板的脸色行事。这样毫无原则地迎合老板，看起来你更成熟了，其实你已丢掉了做人最宝贵的东西——真诚。要知道，没有哪个傻瓜可以当上老板，当你在琢磨老板的心思时，老板肯定也在揣摩你的用心。在激烈的职场竞争中，投机也许会让你获得一时的成功，但真诚却可以让你一生立于不败。

（姜钦峰）

善待失意

从记事开始，我们便在得意与失意之间生活。

求学时，一次考试败北，是失意；工作时，事业无成，是失意；求爱时，遭到拒绝，是失意……一次失意，就如同品尝一次人生的痛苦；一次失意，就是对人生的一次考验。尝过一回苦，历经一次考验，你便跨过人生的一个坎，你便做到一次自我超越。

失意，会使你冷静地反思自责，使你能正视自己的缺点和弱项，努力克服不足，从而驾驭生命的航船，乘风破浪。失意，会使人细细品味人生，反复咀嚼苦辣，培养自身悟性，不断完善自己，失意而不失志，痛定思痛，重创业绩。失意，不是一束鲜花，而是一丛荆棘。鲜花虽让人怡情，但常常使人失去警惕；荆棘虽让人心悸，但却使人头脑清醒。

失意，犹如逆境，而逆境是到达理想境界的必经之途。英国学者贝弗里奇曾经说过："人们最出色的工作，往往是在逆境中做出的，思想上的压力，甚至肉体上的痛苦，都可能成为精神上的兴奋剂。"

失意，犹如一面镜子，而镜子能照见人的污浊。见污浊而不怒，审视自身，再闯新路。一次失意就灰心丧气的人，永远是个失败者。人生本来就是一场无休止的战斗，而失意便是无形的敌人，善待失意就能战胜失意，铸造辉煌。

失意虽使人一时痛苦，但是却可发人深省，有所获得。而善待失意，其实就是清醒地认知自身的错误，坦荡地面对挫折，从容地迎接失败，从而吸取教训，以便他日东山再起。善待失意需要智慧，但更需要能够走出自己，同时又能回归本身的能力。虽然这并不容易做到，但只要我们努力去做，那世界总会败于我们脚下，会因我们而改变。

（顾建平）

用最平和的心态躲避谣言

当一枚石块向我们迎面飞来时，我们会本能地歪头躲过；当大地突然强烈震颤时，我们的第一个反应便是夺门而逃，没有谁会逞匹夫之勇去跟灾祸抗衡。躲避，是唯一的选择。

有的灾祸是对人的身体而言，而有的灾祸则是对人心灵的伤害，比如谣言。

谣言并非谎言，但谣言却可以演变成诽谤。恶毒的谣言对人具有巨大的杀伤力，许多人在谣言面前显得十分脆弱，手足无措，不堪一击。

谣言是因口舌而生的一种灾祸。它一旦演变为诽谤，法律便可追究诽谤者的罪责，而再愚蠢的诽谤者也会为自己辩白：我本善良。造谣者有一副阴谋家的嘴脸，而传谣者永远都是一脸愚蠢之相。他们也许至死都不知道，由于他们的愚蠢，往往能使阴谋家的阴谋得逞，把好端端一个清平世界搅得浑浊不堪。

那么，面对谣言，我们该如何是好？

"何以息谤，曰无辩。"古人所总结出的对付谣言的办法就是沉默。

迎头痛击也有效，但总不如沉默躲避的好。比如那迎面飞来的石块，侧脸躲开，它击不中目标便落地了。如果用手去挡，虽然你的脸面未被击中，但如何能保证你的手会完好无损？对遮天蔽日的谣言，你声明，你辟谣，你疾呼，你呐喊，正中造谣者下怀，"正可调动起它的反攻机制，拖延它的消退期限，从而给我们造成更大的伤害。"余秋雨先生说。不辩驳，不理会，时间一过，它就止息了。面对谣言，躲避，才是智者。

真正的躲避，是一种平静的心态，是一种修养。面对谣言，你表面沉默，也不抗辩，可心中却波涛汹涌，仇恨骤增，牙齿都被咬嚼得松动了许多，即便你未曾为名誉而奋起自杀，久之，亦会积郁成疾，致使生命受损。

要保持一种平静的心态，需要的是涵养，是智慧，是一种参透世事的大度。"大度能容，容天下难容之事。"即便谣言是天下最难容者，奈我何也？

（辛国云）

总有一位天使在等你

芬兰赫尔辛基。一列高铁上，突然上来一个衣衫不整、浑身散发着臭味的男人，一眼看上去，就能断定他是流浪汉。

他坐的是二等舱，且坐在靠窗的位置，他刚坐下来，就引得旁边的旅客纷纷捂着鼻子，甚至有几个穿着时尚的女士开始呵斥他、挖苦他。说："是不是天底下所有的水都流尽了，致使你成了这副样子？"

有几个人实在受不了他身上的气味，开始避得远远的。

男人的眼睛如同一潭死水，别人的嫌弃，仿佛加重了他的怨愤，他的一只手插在衣兜里，一动不动，似有什么东西攥在他的手里。

仅仅半个小时，附近5名乘客就躲走了3人，还有两人是一对母子，母亲是一位盲人，在给女儿梳小辫儿，女儿忽闪着眼睛，一动不动地盯着对面这个奇怪的叔叔，看到他冰冷的表情，女孩冲他做了个鬼脸。男人的表情依然没有解冻。

女孩对眼前这个男人充满了极大的好奇，她仿佛和眼前这位叔叔较上劲了，决心一定要把他逗笑。

女孩先是用一次性餐具插在嘴里，扮作两颗门牙很大的小兔子，然后捏着自己的鼻孔扮作小猪，再然后，索性学起了斗鸡眼。但，都无济于事，男人的意志力仿佛十分坚定。

女孩的小辫儿梳好了，她趴在妈妈的耳边小声说了几句话，盲妈妈笑了。女孩继续投入了逗笑这个酷叔叔的"战斗"中。

她开始坐在了对面，紧挨着男人坐，还把最好吃的巧克力拿给男人吃。男人接也不接，只顾摇头，男人的一只手插在衣兜里，一动不动。

女孩开始吃她的巧克力，由于急于要把眼前这个叔叔逗笑，女孩吃得很急，一块巧克力粘在了门牙上，一张嘴，煞是逗人。男人看了一眼这个可笑的小女孩，脸上的冰突然解冻了，扑哧一声，笑了出来。男人插在兜里的那只手也从兜里掏了出来，为女孩鼓起了掌。

女孩看到男人笑了，也鼓起了掌，说："叔叔，你终于笑了，其实，你还是笑起来比较帅气。"

男人听到女孩这么说，开始爽朗地笑了起来，笑声很大，声如洪钟。

就在这时候，一位列车员走了过来，一个手指挡在唇前，做出了一个"嘘"的手势，然后指了指后座一位熟睡的老大妈。

男人和女孩转瞬间心领神会。

那一刻，男人仿佛特别开心。20分钟后，又是一站，男人起身，准备下车，临下车前，那个可爱的小女孩吻了他一下，在他密密的胡碴儿上。

下车的男人把原本冰冷的脸笑成了一池春水。男人下车后，往旷野里走，到一处无人的地方，男人带上了三层口罩，然后伸手掏出了兜里的一个玻璃瓶子，小心翼翼地拔掉了塞子，扔掉了。

其实，谁也不知道，男人是准备把这个瓶子开口置于通风口处，瓶子里装的是剧毒气体——"沙林"。

这里要补充的是，男人原本是一家大学的化学系教授，他研究的一个突破性成果被校领导剽窃，打官司时，却无故遭遇了惨败。他恨透了这个社会。

后来，男人在一篇日记里写下了这样一句话：当所有人都对你翻白眼时，别气馁，命运的列车上，总有一位可爱的天使在不挑剔、不嫌弃地等你，且千方百计逗你笑。

（李丹崖）

你必须找到你所热爱的

第一个故事，是关于串起生命中的点点滴滴。

我的生母是一名年轻的未婚妈妈，当时她还是一所大学的在读研究生，于是她决定把我送给别人收养。候选名单上的一对夫妇，也就是我的养父母，在一天午夜接到了一通电话："有一个不请自来的男婴，你们想收养吗？"他们回答："当然想。"事后，我的生母却发现我的养父母根本就没有从大学毕业，所以她拒绝签署最后的收养文件。直到几个月后，我的养父母保证会把我送到大学，她的态度才转变。

17年之后，我果然进了大学。但因为年幼无知，我选择了一所像斯坦福一样昂贵的大学。我的父母都是工人，他们倾其所有资助我的学业。当时，我的人生漫无目标，为了念书，还花光了父母毕生的积蓄，所以我决定退学。做这个决定的时候，我非常害怕，但现在回头去看，这是我这一生中做出的最正确的决定之一。

那个时候，里德大学拥有大概是全美国最好的书法教育。由于已经退学，不用再去上那些常规的课程，于是我选择了一门书法课程。在这门课上，我学习了各种衬线和无衬线字体，学习如何改变不同字体组合之间的字间距，学习如何做出漂亮的版式。

当时，我压根儿没想到这些知识会在我的生命中有什么实际应用价值，但是10年之后，当我们设计第一款Macintosh电脑时，这些东西全派上了用场。如果当时我在大学里没有旁听这门课程，Macintosh就不会提供各种字体和等间距字体，而今天的个人电脑大概也就不会有出色的版式功能。当然我在念大学的那会儿，不可能有先见之明，把那些生命中的点点滴滴都串起来，但10年之后再回头看，生命的轨迹变得非常清楚。

你不可能充满预见地将生命的点滴串联起来，只有在回头看的时候，你才会发现这些点点滴滴之间的联系。所以，你要坚信，你现在所经历的，将在你未来的生命中串联起来。

我的第二个故事是关于爱与失去。

在20岁时，我和沃兹在我父母的车库里开创了苹果公司。我们勤奋工作，只用了10年时间，它就从车库里的两个小伙子成长为拥有4000名员工、价值达到20亿美元的企业。那个时候，我们最棒的产品Macintosh刚刚推出一年，而我才刚过30岁。

然后，我就被炒了鱿鱼。一个原本以为很能干的家伙和我一起管理这家公司，我们对公司未来前景的看法出现了分歧。由于公司的董事会站在他那一边，所以在我30岁时，就被踢出了局。我失去了一直贯穿我整个成年生活的核心，那种打击是毁灭性的。在头几个月，我真不知道要做些什么。然而有一种东西慢慢照亮了我：我依然爱着我所爱的东西。我决定重新开始。

当时我并没有看出来，但事实证明，我被苹果公司解雇是我这一生所经历过的最棒的事情。在接下来的5年里，我开创了一家叫作NeXT的公司，接着又建立了一家名叫皮克斯的公司，并与一位奇妙的女士共坠爱河，她后来成了我的太太。皮克斯制作了世界上第一部全电脑动画电影《玩具总动员》，再后来苹果公司买下了NeXT，于是我又回到了苹果公司。

我非常肯定，如果没有被苹果公司炒掉，这一切都不可能在我身上发生。生活有时候就像一块板砖拍向你的脑袋，但不要丧失信心。热爱我所从事的工作，是一直支持我不断前进的唯一理由。你得找出你的最爱，对工作如此，对爱人亦是如此。如果你到现在还没有找到这样一份工作，那么就继续找。如同那些美好的爱情一样，伟大的工作只会在岁月的酝酿中越陈越香。所以，在你终有所获之前，不要停下寻觅的脚步。不要停下！

我的第三个故事是关于死亡。

17岁时，我读过一句格言："如果你把每一天都当成你生命里的最后一天，你将在某一天发现原来一切皆在掌握之中。"在过去的33年里，我每天早晨都对着镜子问自己："如果今天是我生命中的末日，我还愿意做我今天本来应该做的事情吗？"当一连好多天答案都否定的时候，我就知道做出改变的时候到了。

记住自己将不久于人世，这是我在作出人生重大选择时的一个最重要的参考工具。在我所知道的各种方法中，记住你终将死去是帮助你避开"我可能会失去XXX"思维陷阱的最佳方法。

大约一年前，我被诊断出癌症。扫描结果清楚地显示我的胰脏内出现了一个肿瘤。医生告诉我回家，把诸事安排妥当。这意味着，你得把你今后10年要对孩子说的话用几个月的时间说完；这意味着，你得把一切都安排妥当，尽可能减少你的家人在你身后的负担；这意味着，向众人告别的时间到了。

但那天晚上，我又做了一个切片检查。大夫们突然发现这是一种非常罕见的、可以通过手术治疗的胰脏癌。我接受了手术，现在已经康复。

这是我最接近死亡的一次，我希望在随后的几十年里，都不要有比这一次更接近死亡的经历。在经历了这次与死神擦肩而过之后，死亡对我来说只是一项有效的判断工具，我能够肯定地告诉你们以下事实：没人想死，即使想去天堂的人，也希望能活着进去。死亡是我们每个人的人生终点站，没人能够例外。死亡很可能是生命最好的造物，它是生命更迭的媒介，送走耄耋老者，给新生代让路。现在你们还是新生代，但不久的将来，你们也将逐渐老去，被送出人生的舞台。很抱歉说得这么富有戏剧性，但生命就是如此。记住，你们的时间有限，所以不要把时间浪费在别人的生活里。不要被条条框框束缚，否则你就生活在他人思考的结果里。不要让他人的观点所发出的噪声淹没你内心的声音。最为重要的是，要有遵从你的内心和直觉的勇气，它们可能已经知道你想成为一个什么样的人，其他事物都是次要的。

在我年轻的时候，有一本非常棒的杂志叫《环球百科目录》，20世纪70年代中期，我正是你们这个年纪，这本杂志出版了最后一期。封底有一张清晨乡间公路的照片，照片下面有一行字——求知若渴，虚怀若愚。我一直希望自己做到这样。现在，我把这句话送给你们。

（史蒂夫·乔布斯）

交友之道其要在"择"

人生在世不能没朋友，有朋友是人生的一大乐事。英国哲学家培根说："友谊使快乐倍增，使痛苦减半。"又说："缺乏真正的朋友乃是纯粹最可怜的孤独，没有友谊则斯世不过是一片荒野……"我国著名作家巴金说："友情在我过去的生活里像是一盏明灯，照彻了我的灵魂，使我的生存有了一点点光彩。"这些话都是至理名言，告诉我们人世间最美好的是友情。当一个人有了知心朋友，有了苦恼，可以向他倾诉，有了快乐，可以与之分享：有了困难，朋友会伸出友谊之手，为你排忧解难。社会生活的实践告诉人们，一个人是好是坏，朋友熏陶的力量占有很大的比重，所谓"近朱者赤，近墨者黑"说的就是这种熏染力。所以交什么样的朋友，对一个人的成长和进步有着重要的关系。与好人交朋友，受到朋友的帮助，自己也随着好了，所谓"与善人居，如入芝兰之室，久而不闻其香"，与坏人交朋友，受到朋友的腐蚀，自己也逐渐变坏了，所谓"与不善人居，如入鲍鱼之肆，久而不闻其臭"。特别是青少年，在择友上不能不慎重，那种萍水相逢、一见如故，常常会上当受骗。

古人的择友标准，可资借鉴。孔子提出"益者三友，损者三友。友直、友谅，友多闻，益矣。友便辟，友善柔，友便佞，损矣"。孔老夫子主张同正直、诚实、有学问的人交朋友，不能和那种善逢迎、两面派、华而不实的人交朋友。明代学者苏浚把朋友分为"畏友、密友、呢友、贼友"四类。他认为"道义相砥，过失相规，畏友也，缓急可共，生死可托，密友也；甘言如饴，游戏征逐，呢友也，利害相攘，患则相倾，贼友也。"苏浚从朋友间的利害关系角度分析了各类朋友的作用。孔子和苏浚的择友标准为我们在择友上提供了可资借鉴的参考依据。在社会生活中能选择畏友、密友，可以互相帮助，患难与共，结交呢友、贼友，口是心非，当面一套，背后一套，是交相利的酒肉朋友，有害而无益。我们有些青少年上当受骗，就常常是被一张笑脸、一顿酒肉、一张廉价的火车票所诱惑，受害之后，追悔莫及。

古人择友的实例，也给我们以启迪。大家熟知的孟母择邻三迁的故事，是为了让她的儿子能养成勤奋好学的习惯。魏晋时"管宁割席"的故事，说的是管宁和他的朋友同在园中种菜，发现地上有块金子，管宁仍锄地不停，华歆却拾起来看了看才扔掉。之后，两人一起读书，门外驶过高官的马车，管宁仍专心致志地读书，华歆却扔掉书本出门去观看。通过这两件事，管宁觉得华歆是个贪慕钱财、热衷于功名利禄的人，不是自己志同道合的朋友，于是割席断交。这个故事今天看来，管宁的做法未免过分，朋友有弱点和缺欠应该进行规劝和帮助，不应采取绝交的手段。但是，从管宁择友的严肃认真的态度上来考察，还是值得肯定的。再如北宋的著名政治家和文学家王安石有一个好朋友孙少述，两人交往很深。当王安石做了宰相，孙少述却不再与王安石来往，人们以为两人断交了。可是当王安石丢了宰相的官职，到地方上做小官时，许多人冷眼待他，孙少述却热情相迎。孙少述的这种不攀高官、不嫌朋友落泊的品质，这种真挚的友情，得到人们的称赞。

无产阶级革命导师马克思和恩格斯的友谊，列宁称之为"超过了一切古老传说中最动人的友谊故事"。恩格斯为了支持马克思写《资本论》，到曼彻斯特一家公司当"通讯办事员"。他非常厌烦这项工作，他曾对人说："我宁愿在伦敦被绞杀，也不愿意在曼彻斯特无疾而终"。可是他为了马克思一家免于被穷困折磨，他从这讨厌的工作中挣钱，支持马克思，而且一干就是二十年。这为我们提供了革命友谊的榜样。

在如何择友上，孔夫子常劝人"无友不如己者"。意思是说，你不如我，就不和你交朋友，你胜似我才能和你交朋友。宋代学者何坦也有类似的话，主张"交朋友必择胜己者，讲贯切磋，益也。"当然，能结交胜己的朋友，这是最好不过的了，可是"不能胜己者不交"未免绝对化了。如果大家都按这个标准去择友，那就难有朋友了。对于志同道合的朋友，有些地方不如自己或某些方面比自己差，可以伸出友谊之手相帮相助，共同前进。

　　朋友，是人人都需要的，因为人人需要相互交流，相互帮助。人人都需要"取"也需要"与"，这样才能有真正的友谊。

（高瑞卿）

择友和交友的五个原则

友情，是人生舞台上不可缺少的一帧美丽风景。人们都生活在一定的友情圈子里，人们离不开友情的牵系。友情好比调味剂，它能使你的生活更加滋润、鲜美；友情亦如加糖的咖啡，让你在东奔西走精疲力竭的时候精神饱满热情洋溢。美好的友情与旖旎的爱情、温馨的亲情一样，直接影响着人们的生活、学习和工作。那么，怎样才能获得纯洁而美好的友情，保持和发展友情的纯洁与美好呢？

一、人无疵不可与交，以其无真气也

明朝张岱的这句话，是对择友的一个要求。

俗话说：金无足赤，人无完人；又说：人非圣贤，孰能无过？可见，凡是人，即使是功名盖世、流芳千古的伟人，也总会存在一些缺点、犯一些错误，没有丝毫缺点的人是不存在的，他（她）只能活在我们的理想中。

如果某人在你的眼中几近完人，没有任何缺点和错误，那么，他绝非你交友应该选择的良好对象。因为不是他没缺点、无错误，

而往往是他用面具遮住了自己的缺点和错误，这样，你看不到他的
阴晴圆缺，也就看不到他的"真"，你看到的只是一副矫饰虚伪的面
具。伏尔泰说：友情是心灵的联姻。"心灵的联姻"必定是以坦诚、
真实为基础的。一个人，有好的一面，也有不好的一面，才是一个
活生生的有"真气"的人，这样的人才可信、可靠、可爱，才值得
交往。

二、先淡后浓，先疏后亲，先远后近

人与人之间的友情，是在人们的交往过程中逐步培养起来的，
所以，交友要有一个过程，正如泡茶要有个过程一样。大家都知道，
第一杯茶不是很好喝的，第二杯、第三杯的时候，慢慢喝来，细细
品来，才会觉出茶香绕舌，满嘴生津，令人回味无穷。如果第一杯
茶便泡出了全部的味道，第二杯时已是索然无味，还有谁会高高兴
兴去喝第三杯呢？

交友也是这样。交友首先是带有一点神秘感的。它有个邂逅、
相识、相知、相交的过程，这一过程也就是逐步揭开神秘感的过程。
有些人与别人初次见面，便恨不得把心掏出来给别人，以告诉别人
"我是真心想与你做朋友的"，并渴望以此获得别人的友情，殊不知，
如此做法，其效果却往往适得其反。因为这么一来，别人很可能认
为你是个浅薄的、内涵不丰富的人，甚至第一印象对你建立起来的
好感也会因此灰飞烟灭，而不愿再与你交往下去。

因此，交友初期，必须保持彼此间一定的神秘感，随着日后交往的频繁、交情的加深，再在朋友面前逐步提高自己的透明度。人们常说"浅交不可深言"，正好说明"深言"只有在"深交"的时候方可，切忌在"浅交"甚至"未交"时，便将自己通体透明地展现给对方。古人将"先淡后浓，先疏后亲，先远后近"作为"交友之道"是很有道理的。

（李吉银）

逼出来的成功

19岁的张威英俊帅气，是中央电视台的职员；19岁的考拉靓丽苗条，是北京工商大学的学生。

自从认识以后，张威与考拉经常在网上聊天，聊得比较投机。可是，约会时，张威却显得十分羞涩，似乎想对考拉说什么，然而吞吞吐吐的，不知道从哪里说起。

因此，当天他们分别时，考拉特意提醒张威："心中有话要说出来，如果你不好意思当面说，就请你把想说的话写成情书，下次带来给我。"

第二次见面时，张威交给考拉的情书，居然有20页纸，每页纸500字，这封书信长达10000字！在情书中，张威畅所欲言，讲述他喜欢考拉的淳朴直率，以及她青春明媚的笑容；在情书中，不仅抒发他对爱情的追求和渴望，还有对未来生活的憧憬。在情书的末尾，张威开门见山地询问，考拉，没有偶然的成功，只有必然的努力，从今天起，你做我的女朋友，行吗？

"现在还不行。"看完张威写的情书后，考拉微笑着对他说，

"我们这样约定吧，你努力地写情书，以后每次见面，你都给我10000字的情书，只要哪封书信特别感动我，我就答应做你的女朋友。"

"好吧。"张威坚定不移地说，今后他会拼命地写，保证每次与考拉见面，都要给她至少10000字的情书。可惜，尽力写了两个星期，张威才写出只有8000字的第二封情书，离他的承诺还差2000字。

虽然考拉知道，10000字的情书会让张威写得很辛苦，可是她仍然严格要求，以后张威给她的情书，必须写够10000字，否则不要交给她。听到张威觉得实在写不出来的叹息后，考拉以不容商量的口气说，你仅仅写两封情书，竟然就想打退堂鼓，怎能说你真的喜欢我？

上网浏览文学作品后，张威的第三封情书，写得比前两封有水平，考拉看完后诚恳地说，这封情书开始感动她，不过张威还要坚持写下去，只要有新的情书，就可以随时叫她，即使天天见面，她也心甘情愿。

尽管工作强度和压力非常大，然而张威仍旧坚持给考拉写情书。当他连续加了两个夜班，还是拖着疲惫的身体准时到达考拉的学校门口，从衣袋中把刚写完的情书拿出来之后，他苍白无血的面孔、深陷枯燥的眼眶，让身边的考拉深受感动。

"我们认识以来，你给我写了138封情书，总字数超过100万。"

考拉激动地对张威说，"你的精神已经打动我，你是值得我依靠的肩膀。"考拉的肺腑之言，让张威的心中很暖和，他沉默着要求自己，要给考拉创造舒适的生活环境。

因故离开中央电视台后，张威对考拉说，他想创业，不过他还没有想清楚，究竟做什么最有前途。听张威这么说，考拉开始帮他出谋划策。考拉上网时发现，网上许多连载小说很走红，网络写手收入可观，她认为能写出百万字情书，写网络小说也不难，因而她建议张威写小说。

"你别开玩笑，"张威失望地说，"我没有那样的本事。"考拉立即开导他，你给我的情书，写得比网上的小说有水平。见张威还是信心不足，考拉干脆翻出他以前写的情书，捧着悠悠地朗读起来。

听着考拉的声音，张威的脸上忽然热起来，"从今天开始，我会努力用行动兑现情书里的诺言。"在考拉的引导下，张威真的振作起精神来。

经过考虑后，张威告诉考拉，他想写格调轻松快乐的玄幻类小说，他想挣稿费给考拉买结婚戒指。考拉听后欣慰地说："我期待着你的戒指！事不宜迟，你现在就开始写，我相信你肯定会成为出色的网络写手。"

在考拉的催促下，写过100万字情书的张威，很快就写出玄幻小说《光之子》的故事提纲，接着写出具体的章节。他将写出的内容发在幻剑书盟网站上，果然得到广泛关注，读者们纷纷留言或者跟帖，说通宵达旦在网上等待着，要张威尽快更新故事。

考拉的真诚鼓舞，读者的热切追捧，使张威的写作热情空前高涨，只用去两个多月时间，他就完成了70万字的小说《光之子》。这本书在网上的点击量高居玄幻小说榜首，网站和出版社都看好它的市场前景，于是很快将其出版发行。

《光之子》上市后，张威继续忘我地写作，每月写下20多万字，6年的时间里，他在网上连载10部作品，总字数近2000万，点击量达到5亿次，几部小说给他带来约1200万元稿费！

"如果考拉不逼我写情书，我就不可能成为作家。"张威是首位加入中国作家协会的网络作家，记者采访时他说，"成功是逼出来的，有人逼你的时候，你便自觉地接受；无人逼你的时候，你就逼自己加油。"

（杨兴文）

忍耐之人方能成大器

　　有一位年轻人毕业后到一个海上油田钻井队工作。在海上工作的第一天，领班要求他在限定的时间内，登上几十米高的钻井架，把一个包装好的盒子拿给在井架顶层的主管。年轻人抱着盒子，快步登上狭窄的、通往井架顶层的梯子。当他气喘吁吁地登上顶层，把盒子交给主管时，主管只在盒子上面签下了自己的名字，便又让他送回去。于是，他又快步走下梯子，把盒子交给了领班，而领班也是同样在盒子上面签下了自己的名字，并让他再次送给主管。

　　当这个年轻人第二次登上井架的顶层时，他已经浑身是汗了，且两条腿抖得厉害。可主管、领班都和上次一样，只是在盒子上签下了自己的名字。如此上下三次，年轻人终于快要愤怒了。当他再一次把盒子递给主管时，主管看着满脸汗水的他，慢条斯理地说："把盒子打开。"

　　年轻人撕开盒子外面的包装纸，打开盒子。里面是两个玻璃罐：一罐是咖啡，另一罐是咖啡伴侣。接着，主管又对他说："把咖啡冲上。"此时，年轻人再也忍不住了，啪的一声把盒子扔在地上，说：

"我不干了。"

这时，主管站起身来，直视他说："你可以走了。不过，看在你上来三次的份儿上，我可以告诉你，刚才让你做的这些叫作'承受极限训练'。因为我们在海上作业，随时会遇到危险，这就要求队员们要有极强的承受力，承受各种危险的考验。很可惜，前面的考验你都通过了，只差这最后的一点点，你没有喝到你冲的甜咖啡。现在，你可以走了。"

恍然有所悟的小伙子，黯然地离开了。其实正如上文所讲，忍耐，大多数时候是痛苦的。但是，成功往往就是在你忍耐了常人无法承受的痛苦之后，才出现在你面前的。由此可见，忍耐实在是一门学问，而能忍耐之人，自然也是有着大智慧的人。

忍耐的人做事，不会虎头蛇尾。有"人间瑰宝"之誉的敦煌石刻，从开凿，历经数代增建，渐成千余石窟群。如果没有这些能够忍耐的僧人、艺术家，前仆后继，个个穷尽一生的智能与生命来雕琢，哪能完成这惊天地、泣鬼神的奇伟杰作传于后世？

忍耐的人做事，会耐烦有恒。大平天国研究名家罗尔纲先生，少孤贫，全靠寡母帮补缝衣店维持生活。罗母并无学问，但成名后的罗尔纲，却认为自己之所以能在太平天国的研究上出成果，全靠母亲从小对他的"栽培"：在性格上打下基础，懂得忍耐的必要性。

罗母因贫，只能替人缝补，且只能买最便宜的乱丝乱线，得一根根解开后才能接捻使用。罗母需要儿子的帮助，于是从小教儿子必须将结子一一解开，将丝线一条条理清。这就在无形之中，培养了罗尔纲静心专注的好习惯。1930年6月，罗尔纲从中国公学毕业，赴北平求职，替人干十分枯燥的抄录。由于这项工作十分繁难，前面几位都因缺乏耐心，没干多久便撂了挑子。罗尔纲却坚持干了一年，终于完成此任。

其实，忍耐即忍受与耐烦，表现在外，是低头下视；蕴藏于心，是沉着默照。忍受与耐烦的人，能够包容一切人事物境的纷攘，不怕责难，不怕干扰；忍受与耐烦的人，能够观照内心的杂念妄想，消融烦恼。因此，无论在什么时候，做人要忍受，才能有人缘；做事要耐烦，事业才能成功。

（章睿齐）

彬彬有礼不等于心地善良

　　高中时母亲曾带我到德国的威斯巴登小住，一个温泉疗养城市，二战中曾被美军占领将其用作空军基地轰炸周围地区，所以这里的一切基本保存完好——娱乐场所、博物馆、湖泊、歌剧院、温泉浴场——德国战前优秀文化修养的证明。

　　我们住在一幢很舒适的百年公寓里，宽大的落地窗，高高的天花板上雕塑的小天使俯视着我们。我们明白了为什么犹太人固执地不愿离开这里，所有的文明和装饰使我们心旷神怡。虽然结交了很多德国新朋友，但我还是情不自禁地自问：为什么这样一个彬彬有礼、举止优雅的国度却在半个世纪前犯下如此暴行？每当我沿着林荫大街散步，脑海里反复问这样一个问题："彬彬有礼和心地善良之间有什么不同？"

　　拉宾·汉特，纽约叶史瓦大学已故校长，常常讲述一个令人心寒的故事来说明这个问题：战前他还是个欧洲年轻犹太学生的时候，一位同学很羡慕地回忆彬彬有礼、很有教养的德国人在他们最近一次德国之旅时是如何对待他们的。该学生回忆说，每当他们问路，德国人告诉完以后还会很有礼貌地问："不会错吧？"五十年后在美国，一次邂逅，汉特想起他就是当年那位同学。他乡遇故知很是高兴，汉特抓住他的手热情拥抱，很吃惊地发现一只手是假肢。这位同学解释道，"我曾经是主张向德国人学习的男生之一，却没想到自己是多么的错误。在集中营里，一个纳粹锯掉了我的手，一边锯还一边很有礼貌地问，'很疼，不会错吧？'"

来德国前我一直认为礼节是善意的表达，得体的举止就是善良的表现，但现在我看出文化、文明并不等于善良。那么缺失的成分是什么？如何把一个孩子抚养成人并教会他善良？作为父亲我找到了答案。一天，把一岁的儿子放上滑梯时我看出他很害怕，但我还是轻轻推了他一把，心想，他会喜欢的。他滑了下来，惊骇地用头撞着滑板不停尖叫，一个月后还对滑梯心怀恐惧。

我霎时间认识到自己温柔举止下面掩盖的是对他人的完全无视。我并非在真正培养孩子的勇敢精神，只把他当作玩具取乐而且被抓了个现形。我感到烦躁异常，觉得自己就像个魔鬼，不该那样只是一意孤行地在一个没有任何抵抗能力的孩子身上寻自己的开心。事过之后我暗想：如果纳粹德国期间，我是个德国人，突然有了这样的性格特点那会怎么样？我不寒而栗地油然想到，自己文质彬彬的外表下隐藏着人性的另一面——对人类价值的全然无知。

认识到自身的这个特点，我感到些许安慰并很震惊地看到他人也有同样的性格缺陷：正在给女儿照相的母亲全然不顾蹒跚学步的儿子走到了大街上；开心戏弄侄儿的叔叔没有注意到孩子有些吃不消；奶奶不顾孙女的感受强迫腼腆害羞的她参加鼓噪一时的选美比赛。

这些人都可谓彬彬有礼得无以复加，却在某种程度上没有意识到他人的痛苦。我又想到自己的母亲，她从不强迫我做任何我不愿做的事，即使在得克萨斯我还很小时，她给我穿戴的也仅仅是牛仔服、靴子和牛仔帽，从未迫使我穿我不愿穿的服装。她可能也因我的样子感到难为情，但她不是仅靠彬彬有礼生活的，有自己截然不同的待人标准。

我三岁时就感到了母亲的尊重，她从不曾强迫我做任何我不肯违心去做的事，从不使我感到尴尬或侵犯我的空间感。

向"真正善良"迈出的第一步是心怀敬畏地对待他人，我们应该培养这样的意识。如果我们知道我们以不愿他人对我们自己的方式对待他人时，会给他人造成什么样的痛苦，如果我们有了对他人痛苦的敏感性，我们就能明白他人也有感到被伤害的人性。

这需要一辈子的培养，直至今天我还发现自己不慎弄乱孩子的头发，不太注意洗澡水太热还是太凉或因过于专注自己正在做的事情而忽视了他人的要求。我们的痛苦经常来自对我们自身价值认识的缺乏，因为并非每个人在内心深处都认识到人人都是独立而唯一的形象，而认识到这一点，我们就会小心翼翼地捍卫他人的尊严，这是人性战胜兽性的法宝。

（沈畔阳）

太 阳 雨

他是在一次舞会上认识她的，整个舞会上，她的腿修长白皙，轻盈的步履飞舞如蝶，看得他心旌摇荡！

两人走出舞会时，月光如水银般倾泻在大地上。他说："你的舞姿真美。"

她说："如果你喜欢看，有舞会时我就邀请你参加。"

于是，他一次又一次地看到了她的腿修长白皙，轻盈的步履飞舞如蝶。

奇怪的是，生活中的她从不穿裙子，总穿各种各样的牛仔裤。

他想她一定是个典型的淑女，心里更加心醉神迷。

一天，他邀她去郊游，一场倾盆大雨突然不期而至，把他们困在了小河边，两人的衣服瞬间被淋湿。夏天的雨就是这样怪，说来就来，说走就走。雨后的太阳出来了，他不禁笑道："何不洗洗脚？"她也笑着挽起了裤腿……就在这时，他怔住了。他看见了她小腿上有几处巨大的伤痕，凹进去，有黑紫色的疤痕，很难看。为什么晚会上看不出来呢？怪不得她从不穿裙子。

她自嘲地笑笑："小时候，被狗咬的，差点命都丢了……你知道吗？我每次跳舞的时候都穿了好多层袜子。很多人都像你一样看了我的舞蹈之后，同我热烈地交往，可在发现我小腿上的伤痕之后，又都一一离去了！如果没算错的话，你是第七个了！"

他清楚地看见那些残缺的过往，那些不愉快的点点滴滴又在她的眼中翻滚。

他沉默了一会儿，仿佛下定了决心似的，缓缓脱下了衬衫，她也怔住了。她看见了他胸口上一条长长的疤痕……

"这是我在抓犯罪嫌疑人时留下来的伤痕……我很理解你的心情。"他说，"我们都不是这个世界上最完美的人，可我愿与你执子之手，相守一生，你愿意吗？"

她浅浅地笑了。爱情有时就是一场不期而至的太阳雨，清洗寸寸受伤的情感，在心与心疲惫的夹缝里，绽放出美丽的花朵。

（张振萍）

偷得寂寞幸运天

对心灵自由的人来说，寂寞是随机的缘分和福分，可遇不可求。它是忙碌过后的偶尔闲适，是世俗之外的偷偷逍遥。难得寂寞一次，安宁中自我完善、自得其乐！

把玩寂寞是一种超然的心态。

湖南卫视的汪涵，算是寂寞高手。他把长沙繁华地带的一套60平方米的房子别出心裁地设计成了私人影厅，时常深夜录完节目后独自到这里，选一部开心的片子，松弛紧绷的神经。雪夜，他会放浪漫的文艺片，室内温暖惬意，室外雪花飘飘，内外映衬，有诗意一般的闲情；雨夜，一部励志大片，伴随着簌簌的雨丝，轻轻地敲打着他坚韧不拔的心；偶尔的下午，一部历史巨片，跟随剧中人物的命运跌宕起伏……有时他还特意犒劳自己一下，一盘卤鸡翅，一碗黏甜的粥，养心、养胃、开心、开胃。他说："人有时候得有个空间把自己藏起来。生活很难，需要有点儿小追求才能坚持下去。对我来说，一间看电影的小屋子，再来一壶清茶，日子就自得其乐了。"

　　把自己划分为"60后"导演的柳云龙，也有跟汪涵同样的"自得其乐"，不过他是在地下室的放映间里看大片。这个男人在公众面前表现的品质很上乘，样貌俊朗，不苟同、不做作，自诩"清于浊、傲于世"。他不爱扎堆、不爱凑热闹，用北京话讲是各色。他喜欢与智慧、善良兼具的人交朋友，原则是宁缺毋滥。他也是在繁忙中"偷情"寂寞，修炼深刻的人生定力与隐忍。

　　日本神户的一位先生，他的名字跟那里的肥牛一样举世闻名。他毫不隐晦地说："诺贝尔文学奖那东西政治味道极浓，就兴趣而言我是没有的，不怎么合我的心意。对于我最重要的是读者，我的书刚发售就有30万人买，就是说我的书有读者跟上，这比什么都重要。"他就是纯文学大师村上春树，其作品以纯粹和优美著称于世。他享受寂寞的境界更加超凡脱俗，日常生活简单到无非是去买东西、吃饭，然后回家。他不开车、不用手机、不看电视，也不怎么照相。他执着于这样的生活，醉心于这样的日子。《挪威的森林》这样的全球顶级畅销书，就是诞生于这样的寂寞中。

　　梁实秋先生认为："寂寞是一种清福。它不一定要到深山大泽里去寻求，只要内心清净，随便在市井里、陋巷里，都可以感觉到一种空灵悠逸的境界，所谓'心远地自偏'是也。在这种境界中，我们可以在想象中翱翔，跳出尘世的渣滓，与古人同游。"

　　寂寞没什么不好，在无声中求得一份宁静，在宁静中尽享一份淡泊。此时的自己，没有得失与荣辱，没有名利与纷争。它近乎单纯、近乎忘我、近乎包容。只要你愿意，一切皆有、一切皆无、一切皆自我。

（曹众）

靠自己走出挫折

　　面对挫折和失意，善于调整心态的领导干部，不平衡感很快就会消失；不善于调整心态的领导干部，则只会怨天尤人，不能自拔，甚至就此消沉下去。所以，如何调整自己差不多成了领导工作得失成败的关键。

　　正视挫折。挫折就像人们常说的摔跟头，摔了跟头不仅自己痛苦，还会被人嘲笑。但摔了跟头不等于这个人不会走路，就像不能用一次成功肯定一个人一样，一次失败也不能说明什么。人都有长处和短处，既不能用长处掩盖短处，也不能因为有短处而忽视其长处。事业、生活比较顺利的人往往难见到自己的短处，挫折一旦降临到自己的头上就会不知所措。此时要紧的是保持清醒的头脑，冷静地对待一切，不要怨天尤人，更不要把自己与领导、群众对立起来。作为一个有文化、有修养的人，对待挫折的态度应当是正视、自检，从主观上查找导致挫折的原因，从中吸取教训，改过自新。回避、漠视、遮遮掩掩，捂捂盖盖，你表面上似乎得到了一时解脱，但实际上总是沉湎于挫折的苦闷之中，永远不会明白自己究竟"挫"

在哪里，以至于长久抬不起头来。要有勇气面对别人的猜测、议论，少指责他人，多解剖自己，理直气壮，以己示人，终会获得别人的谅解。

淡泊宁静。中国有句老话，叫作"人往高处走"，这个"高"本是指一个人的水平、能力、贡献等，可世俗眼中更多看到的却是某人的"职位又升高了，权力更大了，俸禄又增加了"之类的东西。难怪范进为了谋取一官半职，不惜拿整个人生作赌注。有些人"官"做到一定的位置，一旦遇到了挫折，就开始权衡得失，既得的一旦失去，心理的天平就会失去平衡。其实人生短短几十个春秋，来也匆匆，去也匆匆，所求何需太多。"鹪鹩巢于深林，不过一枝；鼹鼠饮河，不过满腹。""三湘第一贪官"张德元案发后泪流满面地说："我要那么多钱干吗，又不能带进棺材，到底是为了谁呢？人活到这份儿上，名利得失还有何意义？"把功名得失看得淡一些，就没那么多烦恼了。想一想我们的革命先烈，为了人民的解放事业不惜牺牲自己的生命，却什么也没有得到。再想一想老一辈无产阶级革命家，如徐立清、许光达等同志，为革命奋斗几十年，可谓劳苦功高，授衔定级时却主动要求降衔降级。名将粟裕也曾几次让官，甘当副手。与他们宽阔的胸怀对比，我们有些人是应当惭愧的。北宋时的大文学家苏轼说："天地之间，物各有主，苟非吾之所有，虽一毫而莫取。"人要恰当地估计自己的斤两，量力而行，一步一个脚印地去实现自己人生的价值。

　　向下比。比，如同照镜子一样，是人们常用的一种自我鉴别方法，拿自己与周围的人比，拿现在与过去比。科学的比，可以随时发现自己的短处，保持良好的进取心态。反之，则看自己一朵花，看别人豆腐渣，永远难得前进一步：这时说的向下比，是指与比自己职位低、待遇低的人比，尤其遭受挫折时，眼光更要向"下"看，真正的强者不一定身居高位。徐虎、王涛都是普通工人，可他们是公认的强者、能人、英雄。有些人偏偏看不见平凡中的精神、平凡中的伟大。眼光老是盯着"上面"，看到与自己资历相同、学历相近的人官做得比自己大，或者又被提升，心里就不舒服：横向比时觉得自己哪一方面都不比对方差，好多地方还比对方强，埋怨领导不公平；纵向比时觉得自己参加工作几十年，没有功劳还有苦劳，现在年龄差不多了，船到码头车到站了。这样一比，就觉得自己吃亏了，没有希望了，往后当一天和尚撞一天钟。这是一种消极比法：积极的比法应当是：横向比时以己之短比人之长，比一比自己的同学、战友，再看看自己周围默默奉献的群众，水平、能力是不是都比自己差；纵向比时看看自己的政治觉悟、工作能力、业务水平是不是一年比一年提高了，贡献是不是一年比一年大了，工作是不是已尽心尽力、尽职尽责了：这样一比，一些不平之气就自然化解了，心底就坦荡了，就会感到自己付出少、获取多，内心有愧，从而激发潜在的内力，向着新的目标奋进。

　　向前看。虽然挫折本身对谁来说都不是好事，但挫折并不是人生的终点，以后的路还是要走的，过去的毕竟已经过去，未来才是更重要的。说句实在话，从不属于你的官位上退下来，于国于民都是好事，让位于能者、强者，有利于党的事业的发展，也可避免你身陷泥潭尚且不知，以致越陷越深。真正的强者就不会在挫折面前趴下，而把挫折视为人生旅途的一个驿站。唐朝后期曾任宰相、官至一品的李德裕，因遭奸人诬陷，被贬到海南崖州任一个小小的司户参军。他没有因被贬而消沉，只知有国，不知有身，任凭千般折磨，益坚其志，积极在黎族人民中传播中原文化，努力为黎胞谋取幸福，深受黎人爱戴。他死后，当地黎胞专为他建庙刻像，年年吊祭。他虽然失去了高官厚禄，却在老百姓中永世留名。在挫折中彷徨过的人一旦醒悟，时时以前车之鉴自警，在未来的旅途中少走弯路，不走邪路，从而使自己的人生焕发无尽的光彩，谱写一曲生命的豪歌。

（周江海）

如何赢得他人的合作

　　自然界是一个紧密联系着的有机整体，人类社会也在日益走向融合，人们只有经由和平、和谐的合作努力，才能获得成就，取得成功。自私终究不能自利，封闭更难有所成就。

　　大雁翱翔蓝天之时，总是排成"人"字形，此间奥秘何在？人们发现，"人"字形能够形成大雁侧翼局部的真空，以减少整个雁阵飞行之阻力。科学家证实，以"人"字形飞行的雁阵，比一只单独的大雁能多飞百分之十二的距离。人为万物之灵，飞鸟如此，何况人类呢。合作不但能使我们达到自身追求的目的，还能帮助我们获得内心的平静，消除对他人的狭隘戒备。赢得他人的合作，能使人在一种和谐的精神下，为社会贡献自己的力量和智慧。所以，无论是个人成就的取得，还是企业的兴旺，都离不开与他人合作这个法宝。

　　那么，我们如何才能赢得他人的合作呢？

一、跟那些你希望得到合作的人交换意见，设身处地为他着想，以此来拉近两个人的距离

赢得他人的合作就是通过对他人的影响，使双方能够走到一起，为共同的目标而努力。要影响别人，先得与其交换意见。如何交换意见呢，先要考虑并体谅双方的处境，然后从对方的立场上看待问题。

在你想交换意见前，先得问自己："如果我是他，这件事情应该怎么做才好？""如果我处在他的情况下，我会有什么感觉，有什么反应呢？"比如，你要一位新参加工作的同事去做某件事，你得先问问自己，站在新参加工作人员的立场上，我是不是愿意做这件事？再如，你打电话的方式，你可以想一想，如果你是接电话者，对于打电话的人的语气有什么感想呢？这里要求的是换位思考，即推己及人。我们只有设身处地为别人着想，才能在交换意见时达成一致。

有这样一个发生在国外的例子，某人买车后还有部分款未付清，卖方一名员工多次打电话催要未果，最后那名员工只得告诉买主，如果下个星期一仍不能付款，公司将采取进一步行动。星期一，那名员工怒气冲冲地打来电话时，实在没有钱付的买主决定采取另一种方式来对待员工的责问，他设想着站在对方的处境上考虑这件事，然后真诚地向对方道歉，说自己一定是最令对方头疼的顾客云云。出乎意外的是，那名员工的语气立刻缓和了，说买主并不是最令他

头疼的那种顾客，并举例说，有的顾客十分蛮横，满口谎言，有意躲避他。他还称赞买主让他吐出了心里的不快。最后，那位员工终于同意让他延期付款。

在交换意见时，我们还应该谦虚地对待他人，鼓励他人畅谈自己的想法，然后在他人的想法和自己的想法中寻求双方的一致。世界上没有多少人喜欢被强迫命令行事，所以我们要尽量想办法让他们觉得主意是自己的，这样他们才会高兴地接受。罗斯福在当纽约州州长时，一个重要职位出现空缺。罗斯福既要保持与当地那些实力人物的良好关系，又要选出自己认可的人选。于是他就把人选交由那些实力人物推荐。那些人物先后推荐了四位，第一位很差劲，自然难以接受，第二位又过于保守，被罗斯福推却，第三位各方面都还可以，但还有点不如罗斯福的意，因此也被婉言谢绝，于是罗斯福表示希望再次得到大家的支持，结果第四次被推荐出来的人物正是罗斯福所希望的人物，他们自然非常高兴。罗斯福事后说：起先是我让他们高兴，现在轮到他们使我高兴了。罗斯福通过向他人请教，并尊重他们的意见，最终达到了自己的目的，赢得了别人的合作，对我们不无启发。

二、以人性化的方式处理问题，遇到难题不妨请求对手帮助

著名心理学家威廉·杰尔士说："人性最深切的需求是渴望别人

的欣赏。"让人觉得自己重要是人性的普遍特征。因此,在生活和工作当中,我们要把别人看得都很重要,关心他们,以鼓励代替挑剔,以赞美启迪人们内在的动力,用人情温暖别人,使别人愿意与你合作。丘吉尔曾经说:"你要别人具有怎样的优点,你就要怎样地赞美他。"实事求是的赞美会使对方的行为更增加一种规范,在你的赞美激励下,他会在受到赞扬的方面全力以赴,做得更好。

如果你是一个管理者,在处理事情时,要尽量使用符合人性的方法,你不能当独裁者,什么事都不征求下属的意见,更不能害怕下属的意见正确,因为聪明的部属不可能永远受制于人;你也要尽量避免那种铁面无私、不通人情的刻板方式。当别人有了差错,最好只在私下跟他们说;事前尽量称赞他们已经做得很好的那部分;而后指出一些可以做得更好的方面,并且帮他们找出适当的方法;最后再一次称赞他们的优点。人是在激励中前进的,如果你在每一个场合都称赞你的部下,设法夸奖地位比你低的人,这样不但不会降低你在上司眼里的地位,反而会使你成为一个伟大而谦虚的人,比那些轻浮的人更受人尊敬,你的合作者也会越来越多。所以,即使小小的谦虚都对你非常有用,赞美部属的个人成就,赞美他人的合作,嘉奖他额外的努力或尝试,你的收益将远不止于此。

当然,也有人不一定吃你赞美的那一套,首先你要相信,人非草木,人皆有情。所以遇到这种情形就要想别的办法,不妨请求对手的帮助,也许可以获得意外的友谊与合作。本杰明·富兰克林是美国著名学者和政治家，在为人处事上有很多地方值得我们学习。据说他年轻的时候曾为谋得一份州议会办事员的职务而欣喜不已。不幸的是议会中有位最有钱而且十分能干的议员对富兰克林却总看不顺眼，时常公开斥骂他。对此，富兰克林想了一个小小的办法，很快就摆脱了窘境。原来，他听说该议员喜爱藏书，现在手头上正有一本非常稀奇而特殊的书，富兰克林于是写信表示要借书看一看，并向议员学习。议员收到信后，很快派助手把书送给了富兰克林。富兰克林看完书后，表示了强烈的谢意。那以后，那位议员对待富兰克林的态度简直判若两人。富兰克林运用的正是一种请人帮助的心理战术，通过请教于人，使其获得了某种满足，从而为寻求合作找到了出路。

合作就是力量，合作是企业振兴的关键，也是一个人走向成功的必备的处世能力。社会需要合作精神，时代需要善意的合作者。让我们学会真诚地与他人合作，赢得事业的成功。

（张责平）

为人戒苟严

　　现在，人们常用"张飞死在裁缝手上"来比喻有些人大江大河、大风大浪都经过不少，却在小河小沟中翻船落水。其实，从张飞的真正死因看，他不是死在裁缝之手，而是死在自己性情暴烈、为人过分苛刻上。《三国演义》第八十一回记载了此事：张飞在听到关羽的死讯后，痛哭失声，泪血沾襟，并驱车前往成都，面见刘备，请求兴兵伐吴。回到阆中，命令帐前两员偏将范疆、张达，在三日之内置办十万件白旗、白甲，三军挂孝伐吴。因为时间太紧，范疆、张达请求宽限数日，张飞不仅不允，反而将二人各鞭打五十，并说如不按时完成，将杀二人示众。范疆、张达在走投无路、无计可施的情况下，铤而走险，乘张飞酒醉未醒时刺死了他。然后割下首级，投奔东吴。

　　从张飞之死可以看出，为人苟严危害不浅，有时甚至带来杀身之祸。具体来说，可能会造成以下后果：其一，显得自己气量狭小。一个心胸开阔的人，必然气量恢宏，能够宽以待人，容忍别人的一些缺点毛病，甚至容忍别人对自己的一时冒犯。反之，一个人如果为人处世过于苛刻严厉，不能容忍他人的缺点错误，成天喋喋不休地指责批评别人，对别人的一时冒犯和伤害（甚至是无意的冒犯伤害）也大动肝火、睚眦必报，就显得自己气量狭小。所以古人云："戒太察，太察则无含弘之气象。"（《战国策·燕策》）其二，破坏群体团结，导致自己孤立。在一个群体内，有各种各样的人，每个人都有这样或那样的缺点毛病。比如：有的人热情大方，乐于助人，但可能喜欢出风头，表现自己；有的人工作努力，做事认真，但可能灵活性不够；有的人生活俭朴，但可能比较小气；有的人办事果断，雷厉风行，但可能虑事不周，盲动莽撞等。而每一个人都生活在群体之中，都必然要同各种各样的人发生关系，如果在为人处世上过于苛刻严厉，对什么人都看不顺眼，动辄严词斥责别人的缺点毛病，那么轻则别人对你敬而远之，重则埋下怨恨的祸根，你将成为孤家寡人，陷入一种孤立的人生状态。这也是人们常说的：水至清则无鱼，人至察则无徒。有鉴于此，洪应明在《菜根谭》中告诫人们："持身不可太皎洁，一切污辱垢秽要茹纳得；与人不可太分明，一切善恶贤愚要包容得。"其三，助长自己的恶行。一个对别人要求很严格、动辄斥责他人的人，对自己往往要求未必很严格，他可能经常原谅、宽容自己，即所谓：对人严，对己宽。这种人由于对自己自由放任，不认真检查、反思自己，不改正自己的缺点错误，必将助长自己的恶行，在错误的道路上越走越远，最终不可救药。

为人苛严者一般表现为这样几种情况：第一，以律己之律律人。

有的人严于律己，对自己高标准、严要求，于是便认为自己能够做到的，别人也应该做到，如果别人做不到，就疾言厉色地批评斥责。为人苛严者不懂得一个最普通的人生道理：就是不同的人有不同的思想觉悟、道德水准，任何一个地方、单位的人们思想道德水平都有上、中、下之分，不可能整齐一律。一个人严格要求自己是可以的，而且是应该的，但以你自己的标准去要求别人就不合情理，也不一定行得通，人家为什么非要按你的标准去立身处世呢？所以，元人张养浩指出："不可以律己之律律人。"（《牧民忠告》卷下）第二，强人所难。为人苛严者往往强人所难，就是强行要求别人做根本做不到的事情或不喜欢、不情愿做的事情，即所谓"贵人所不及，强人所不能，苦人所不好"（见《文中子，魏相》）。比如：有的父母硬性规定自己的子女每门功课考试分数都必须在95分以上；张飞强迫要求范疆、张达在三天之内赶制十万套白旗、白甲，而且一旦达不到目标，就严词斥责、打骂，甚至要杀头。第三，吹毛求疵，以小故妨大美。吹毛求疵，就是故意挑人家的缺点毛病；而以小故妨大美，则是因为别人的一些小的缺点过失就从根本上否定别人大的优点成绩。吹毛求疵是没事找事，鸡蛋里面挑骨头，显出一个人胸襟气度的狭小；以小故妨大美是只看支流，不看主流，或故意以支流掩盖主流，更是一种形而上学的片面性。

如何才能克服为人苛严的缺点呢？从总的原则来讲就是严于律己，宽以待人。具体来讲，就是做到以下三方面：

首先，抓大放小，严大纲，宽小过。所谓抓大放小，严大纲，宽小过，就是抓大事，抓原则问题，而宽容小事和枝节问题的过失。我们讲宽以待人，并不是要放弃原则，在大是大非面前无原则地妥协迁就。一个共产党员，必须讲政治、讲学习、讲正气，保持共产党人的本色、宗旨、信仰，不能丧失党性原则，不能以权谋私，腐化堕落；一个人必须保持自己的国格、人格和做人的基本原则，不能违背做人的基本原则，不能丧失自己的民族和人格尊严。在抓大事和不放弃原则的基础上，对于一些细小、枝节问题（如某些性格缺陷、生活小节、工作失误、方式方法的欠缺等）则不必过于认真。如果对于一些细小枝节问题纠缠不清，抓住不放，甚至无限上纲，则有失宽以待人。

其次，以忠恕之道待人，设身处地为别人着想。儒家最讲究以忠恕之道待人。以忠恕之道待人，一是"己所不欲，勿施于人"，自己不想做、不愿做的事，不强求别人去做；二是推己及人，多为别人想想，这样可以将心比心，体谅别人的困难，增加自己的同情心和爱心；三是与人为善，在别人犯下缺点错误时，不厌恶和嫌弃他们，而要宽厚待人，仍一如既往地关心、帮助、爱护他们，使他们感到人与人之间的真诚和温暖，并认识和改正错误。以忠恕之道待人，既可以团结一切可以团结的人，搞好人际关系，又可以最大限度地减少敌对面，避免许多不必要的麻烦，何乐而不为呢？

再次，责人时要含蓄委婉，注意方式方法。对别人的缺点过失，当然要加以规劝指出，促使其改正。但是在责备别人的缺点错误时，一定要含蓄委婉，善于诱导，注意方式方法，切忌恨铁不成钢，疾言厉色，一棍子打死。洪应明曾指出："攻人之恶毋太严，要思其堪受"（《菜根谭》）。也就是说，在责备别人过失时，不可太严厉，要顾及对方是否能承受，不要伤害了对方的自尊心。疾言厉色，一味责骂，只会伤害对方的自尊心，使对方产生破罐子破摔的逆反心理。古人对下属和晚辈有"五不责"，即：当着众人不责；有惭愧后悔表示不责；喜庆节日时不责；悲伤忧愁时不责；生病时不责。笔者认为，这可作为现代人之借鉴。

（程林辉）

义气与脾气

义　气

义气和勇气相近，所以它既是愚昧者的勇敢，又是年轻人的血气方刚。

我们街上有个极讲义气的小伙子，他长得虎头虎脑，肩宽腰圆，而且会些拳脚，很有点绿林好汉的样子。街上只要出现打架斗殴，他都会"路见不平，拔刀相助"。激战之中，他从来都是站在我们街上一方，外来者全是敌人。如果我们街上人自己打起来，他看哪一方和他关系相近，就帮哪一方。决不问青红皂白，谁是谁非。久而久之，谁家出了点麻烦，总愿去求他帮忙，他也决不推辞，从来都是欣然前往。有时直接纠纷者平安无损，他这个帮忙者却被打得头破血流，大吃其亏。可他毫无后悔之意，甚至自己花钱去医院治伤，没半点怨言。我们街上有一个好吃懒做的家伙，经常请这小伙子吃酒，这小伙子便感恩不尽。一天，好吃懒做的家伙要小伙子去打他的厂长，说厂长老批他罚他扣他工资奖金。讲义气的小伙子听后勃然大怒，要为朋友两肋插刀，申冤报仇。他雄赳赳地去把厂长痛打了一顿，结果被公安局拘留了十多天，罚了几百块钱。而且在严厉的审问下他也死死咬住事情是他一个人干的，保住了背后指使他的那个好吃懒做的家伙。

如果只讲义气是而没有思想、没有原则，则是愚昧者的勇敢。

脾　气

愤怒是一种思想，脾气却只是性情。

由于遗传基因的密码各异，人们便有各种各样的性格和脾气，有的人脾气暴躁，三句话不来就火气冲天。我过去的一个老邻居就是这种暴躁的人，笑的时候就让人感到三分凶气，要是发起脾气来，你干脆就得拔腿飞跑。这家伙三天两头打骂老婆孩子，并不断地同四邻惹起战争。大家见他气势汹汹的样子，都远远地躲着。倒霉的是他的老婆，只好默默忍受。真是绵羊和老虎在一起过日子。后来到了文革年月，那个脾气暴躁的老虎男人因发一句牢骚而被打成反革命。但万万想不到那个绵羊老婆却愤怒了，为丈夫挺身而出鸣不平，她直奔造反司令部，非要拖那些杀气腾腾的司令去她家看房子，大人孩子7口挤在不足8平米的房子里，就是连狗窝也不如！造反司令们更气疯了，几次喝令人马把这个瘦干女人拖拽出去。但干瘦的绵羊女人决不退缩，又三番五次地撞进屋去，说他丈夫苦大仇深是比贫农还贫的贫农，说她家确实小得不能再小了。她喊冤叫屈拼了性命，脑袋一次次撞到办公桌上，额头鲜血直流，不放她丈夫回家她就撞死在办公室里。她的这种视死如归的拼命精神还真把造反派们折腾得没办法，最后放了她丈夫，邻居们对这个绵羊般的女人肃然起敬，想不到关键时刻她比老虎还厉害。然而，以后的日子男人还是老虎一样拳打脚踢，她还是绵羊般逆来顺受。可是你不能不得出这样的结论：脾气暴躁和愤怒是截然不同的两回事。

严格地说，愤怒是一种思想，脾气却只是性情。在生活当中，我们常常可以见到温温柔柔的老实人，他们似乎软弱胆小永远不会愤怒，但是一旦老实人火了，那就势不可当。相反，那些整日里怒气冲冲耍脾气的人，在真正应该愤怒的关键时刻，却吓得溜溜地往后缩，真像条夹尾巴狗。我们或许都有点这样那样的脾气，但我们似乎少有愤怒。由于种种原因和教训，我们不但没有愤怒，甚至连脾气也没了。我的一位很有火性的前辈，由于经历过多次惊心动魄的波折，现在脾气好得和面条一样，决不说一句带棱角的话，决不说一句得罪人的话，决不说一句多余的话，我似乎觉得他不会说话了。直到改革开放的今天，我这位老前辈还忙不迭地朝所有的人微笑却决不敢说些什么，我心里老大不好受。大海为什么蔚蓝而清澈，因为她不断地涌起狂涛激浪。永不愤怒的人只能是死水，尽管宁静平和不惹是非，但长此以往，便会渐渐枯灭于尘埃之中。

（邓刚）

"盒饭风波" 引出的思考

　　明代人宋濂在他的《龙门子凝道记》一文中，曾给后人讲过这样一则故事：有人养了100多只猫，都不让其捉鼠，每天只喂以鲜鱼。后来，其中有一只猫被南郭先生借去捉鼠，结果你猜怎么样？这只猫反而被老鼠咬伤了脚，败下阵来。

　　故事固然带有寓言性质，未必就是真的。它无非告诉人们，人也好，动物也罢，一味生活在条件优裕、其乐融融的环境中，不但自己的天性会改变，恐怕最终连捕食、吃喝的本能也会丧失殆尽，最后被活活饿死。

　　我写这篇短文，自然不是仅仅要告诉人们"束生养猫"的故事。引发我感慨并促成我动笔的，首先是一位中学校长前不久对我所讲的一件事：

　　他们学校前些时组织高年级学生外出活动，因担心家长在孩子身上过于破费，所以校方事先规定午餐一律由校方安排。然而中午当汽车运来学校预订的盒饭，一盒盒发给学生时，不少学生面对经济实惠的盒饭当场就皱起了眉头。有人手捧盒饭发愣，有人吃了一口又吐出来，还有一名女生拿着盒饭问老师：就让我们吃这个？一扬手居然把盒饭扔了。班主任老师被激怒了，当场批评这名学生。因严厉了一些，那名女生受不了了，一气之下流着泪扬长而去。尽管老师好说歹说，还是有多名学生偷偷扔掉盒饭，宁愿饿肚子或自己掏钱去买糕点吃。

也许，对于学生扔盒饭的事，有些家长会不以为意。他们大概会这样认为：既然孩子不愿意吃那盒饭，将其扔掉也是情理之中的，不必小题大做。然而倘若这样的镜头被那些贫困地区孩子们的家长看见，又会做何感想？他们肯定会心疼好几天的。

无独有偶，也是在这所中学，午餐时间，笔者去了学生食堂。未走进食堂，首先映入我眼帘的，是两名女生正在从自带的饭碗里往食堂门口的一口大缸里倒吃剩的饭菜。倒掉的究竟是什么呢？我走过去朝缸里一看，嗬！除了有雪白晶莹的大米饭，还有没被咬过一口的整个酱汁蛋、红烧鱼、大排骨以及豆腐干、炒卷心菜等。笔者不由得问这两名学生："吃饱了吗？"

学生摇摇头，默不作声。

"那为什么倒掉，是不好吃吗？"

"不好吃，也不爱吃。"

"没有妈妈烧得可口，对不？"

"那当然，妈妈烧菜，总要烧我喜欢吃的，味道也好。"

正在这时，又一名女学生拿着一只碗走过来，哗啦一下，把足有半碗的米饭倒进了缸里，那动作干脆利落。

食堂里，饭桌上的景致也颇为丰富多彩。除了刚才在剩饭菜缸里看到的那些，还有粗粗啃过几口的整条鸡腿，大块的熏鱼和熏红肠等。一位正在清理饭桌的食堂阿姨告诉我说，这些大都是学生自己从家里带来或午饭时家长给送来的。她重重地叹了口气，摇了摇头又道：现在的孩子真是越养越娇，不知道他们究竟喜欢吃什么。家长到老师、到校长那儿告状，反映他们的孩子在校吃不饱吃不好，可是你看看，这么好的东西都给扔了，哪里还能吃饱肚子呢？说来说去，反正是我们食堂不好，没有尽到责任。

听着这话，看着面前狼藉的饭桌，笔者的心情是沉重的，一时竟不知用哪些言语来安慰这位辛苦的食堂阿姨。是的，如今的孩子尤其是城里孩子，绝大多数是独生子女，在家庭中都是父母长辈的宠儿，即使称不上过着衣来伸手、饭来张口的生活，也差不到哪儿去。但即便如此，许多做父母的还生怕委屈了孩子，得了空便带其去饭店"改善"一下生活。把孩子爱成这样，当然也是可以的。但不知家长们是否想过，一味地对孩子娇生惯养，也必然使得他们今后在各方面的承受能力越来越差，一旦遇到什么事，往往就难以应付甚至无所适从、无法忍受。

一位毕业班的班主任老师向我提道：就在前几日，学生向他提出要在教室里开一个小小的聚餐会。当时他想，毕竟是毕业班的学生，再过几个月他们就将各奔东西，这难得的一次聚会，也是情理中的，理应支持。除了规定学生不得喝烈性酒以外，他甚至建议学生不妨每人准备一样菜，而且最好是自己亲自动手做的，这样才更有意义。

学生们聚餐的那天下午，他因为有事外出，故没有参加。然而，当他办完事回到学校，走到教室一看，眼前的情景让他目瞪口呆：有六七名学生显然喝醉了酒，倒在椅子上呼呼大睡；地上，几名女生正在清扫酒醉学生吐了一地的秽物。最让他吃惊的是，在那用课桌拼成的供学生聚餐用的大长条桌上，堆着两大堆吃剩的菜肴，活像两座"菜山"。事后他了解到，原来，学生并没有听他的话每人准备一样，至多两样菜，而是每人至少准备了三四样菜，其中一名女生，在她妈妈的"帮助"下，几乎搬来了一桌筵席；还有一名学生更为"大方"，据说，他光买熟菜就花了200多元，此外，他还在其他同学的怂恿下买了两瓶茅台酒，总共开销竟达800来元。说真的，要不是这名学生后来主动为买白酒的事向他认错，他一定会将他狠狠训斥一顿！可是训斥又有什么用呢？因为这些孩子根本没有吃过任何苦，更不知道铺张浪费的行为有多么可耻。但所有这一切，能单单责怪他们吗？我们的家长，我们的宣传舆论工具，也包括我们做教师的，这些方面的工作，做得实在太少了。

笔者在走访一些老师及同学过程中，所见所闻，似乎都在表明着一个主题：该让今天的这些娇儿们去到艰苦的生活环境中锤炼一下了，让他们吃一吃没有肉、没有鱼、没有蛋糕冰激凌，唯有粗菜淡饭的"苦"了。这不仅有利于孩子健康成长，也有利于让孩子自觉杜绝不良社会风气对他们的影响。

（唐和平）

张英的为人处世之道

　　张英，字敦复，清代安徽桐城人。进士出身，曾任编修、侍讲学士、兵部侍郎、翰林院学士，最后拜为文华殿大学士，兼管礼部。张英是清代名臣，康熙皇帝对他十分器重，优礼有加。他教子有方，四个儿子皆考中进士，全都官居要职。尤其是次子张廷玉，其地位更胜过乃父，雍正时官至保和殿大学士，并出任军机大臣，堪称是清代权倾朝野的重臣。

　　张英为官正直，处处以身作则，尤其重视对子女的教育。曾撰编《聪训斋语》一书，这是一部告诫子孙如何立身处世的家训格言，也是一本进行家庭教育的教科书。关于此书的撰写经过，他的长子张廷瓒有这样一段叙述："康熙三十六年丁丑春，大人（指张英）退食之暇，取素笺书之，得八十四幅，示长男廷王赞。装成二册，敬置座右，朝夕览诵，道心自生，传示子孙，永为世宝。"张英此书在家庭教育中确实发挥了重要作用，对其子孙的立身处世和成才建业等影响极大。张英曾经提出，为人处世特别要注意以下几个方面：

　　一是"立品"，即做人首先要培养良好的道德品质。他在《聪训斋语》中写道;"人生必厚重沉静,而后为载福之器。"意即一个人必须诚笃敦厚,庄严慎重,沉着冷静,方可在社会上立足,才会有美好的前程和幸福可言。又说,一个人"惟有敦厚谨慎,慎言守礼",并且做到"言思可道,行思可法,不骄盈,不诈伪,不刻薄,不轻佻,则人之钦重,较三公而更贵"。也就是说,只有为人厚重诚挚,谦虚谨慎,讲究文明礼貌,一切视听言行都很合乎道德法度,才会受到他人的景仰和尊敬。倘能做到这些,哪怕是个普通老百姓,其受人尊敬的程度,甚至可以超过对太师、太傅、太保等"三公"一类朝廷大官的钦敬。

二是慎于"择友"。张英指出:"人生以择友为第一事。"认为青少年最容易接受他人影响,近朱者赤,近墨者黑,耳濡目染,潜移默化。因此交朋友千万要慎重,一定要遵循选择朋友的严格标准。他说:"人生二十内外,渐远于师保之严,未跻于成人之列。此时知识大开,性情未定,父师之训不能入,即妻子之言亦不听。惟朋友之言,甘如醴而芳若兰,脱有一淫朋,阑入其侧,朝夕浸灌,鲜有不为其所移者。"又说,大凡青年人"惟朋友之言是信,一有匪人厕于间,德性未定,识见未纯,断未有不为其所移者。余见此屡矣。至仕宦之子弟尤甚,一入其彀中,迷而不悟。脱有尊长诫谕,反生嫌隙,益滋乖张。故余家训有云:保家莫如择友。盖痛心疾首言之也"。意思是说,二十岁左右的年轻人,刚刚开始独立生活,而为人处世却很不成熟,这时选择什么样的朋友作交往最为重要。此时他们不再像从前那样听从老师和父母的教诲了，连妻子的话也不听，一味相信朋友的话。凡朋友所说一言一语，都觉得甘美如醴酒，芳香胜兰花，无不言听计从，全都加以采纳。倘若交游不慎，让品质恶劣或道德败坏之徒进入密室，成了挚友，这个青年必定要被带坏。久之，逐渐臭味相投，执迷不悟，好比深陷泥潭之中，不能自拔。这样的事屡见不鲜，一旦父母长辈想严加管教，非但听不进去，反而变本加厉，更加乖戾，乃至自甘堕落，无可救药。到那时便悔之晚矣。张英还说，朋友不在多，而在于质量高。"观其德性谨厚好读书者，交友两三人足矣"。如果滥交许多朋友，这个要帮忙，那个要解难，不但整天忙于应酬，而且可能劳而无功，白费力气。倘遇借贷争讼诸事求你而又不能解决，则嫌隙顿起，"必生怨毒反唇"，甚至反目为仇，招来种种祸害。如此滥交朋友，既耽误时间，浪费精力，妨碍事业，又会加重精神负担，甚至成为巨大的精神压力，对身心健康亦很不利。因此，交朋友之事"宜慎之于始。"

三是"痛戒损人"。张英指出："与人相交，一言一事，皆须有益于人，便是善人。"又说："人能处心积虑，一言一动，皆思益人，而痛戒损人，则人望之若鸾凤，宝之若参苓（人参与茯苓，皆为补药），必为天地之所佑，鬼神之所服，而享有多福也。"一个人处事，倘能时时考虑如何维护他人利益，绝不损人利己，无疑会赢得他人的敬重和爱戴，因而在精神上得到极大的安慰和愉快。这样，必定有利于自己的身心健康，自然就会"享有多福"了。

四是待人处事尤其要注重"忍让"。张英在《聪训斋语》中写道:"古人有言,终身让路,不失尺寸。老氏(即老子李聃)以让为宝。左氏(即左丘明,编有《左传》)曰:让,德之本也。"又说:"自古只闻忍与让,足以消无穷之灾悔,未闻忍与让,翻(反而)以酿后来之祸患也。欲行忍让之道,先从小事做起。余曾署刑部事五十日,见天下大讼大狱,多从极小事起。君子谨小慎微,凡事只从小处了。余行年五十余,生平未尝多受小,人之侮,只有一善策,能转弯早耳。每思天下事,受得小气,则不至于受大气,吃得小亏,则不至于吃大亏,此生平得力之处。凡事最不可想占便宜。子曰:放于利而行多怨。便宜者,天下人之所共争也,我一人据之,则怨萃于我矣;我失便宜,则众怨消矣。故终身失便宜,终身得便宜也。"张英的如上论述,哲理性很强,非常符合辩证法。小不忍则乱大谋,忍得一时之气,免得百日之忧。一个人争名于朝,争利于市,时时处处都想争利占便宜,半点也不肯放让,人际关系就很紧张。这样一来,互相争吵斗殴之事也不可避免地会发生,甚至会因一时的愤怒不已而干出违法乱纪的事来,最终要受到法律的制裁。许多重大案件就是因互相争夺小利而彼此不肯放让所造成的。所以说小气不忍要受大气,占小便宜则要吃大亏。与此相反,待人宽宏大量,遇事忍让,舍得。吃小亏,绝不占他人便宜,宽则得众,能够赢得群众支持,人际关系自然和谐融洽。这样,既可保证事业取得成功,又可促进本人的身心健康,故曰:"终身失便宜,终身得便宜也。"

张英讲"忍让"并非只是口头上说说而已，而是言必信，行必果，说到做到，处处以身作则。有一年，张英的老家因修筑围墙之事而与邻居互相争夺地界，发生了矛盾和纠纷，闹得不可开交，当地官员也感到难以调处。其家人便写信给张英，希望凭借他那高官的权势和地位把邻居压下去。张英接读家信以后，非但不同意对邻居施加压力，恰恰相反主张自动放让，于是赋诗代信，劝说家人主动让出地界。他在诗中写道："千里修书只为墙，让他三尺又何妨？长城万里今犹在，不见当年秦始皇。"意思是说，家人从千里之外寄来家信只是为了修筑围墙之事，让出地界三尺给邻居又有何妨碍呢？试看那坚固的万里长城依旧巍然存在，可是想凭借长城巩固其"传之万世而无穷"的统治的秦始皇。而今不是早就灰飞烟灭了吗？家人接到张英此信后，立即主动让出地界三尺，邻居见此情景，也照样让出地界三尺，这就形成了一条六尺宽的巷道。张英的名字也和这"六尺巷"佳话一起为人们世代传诵。

（周一谋）

最重要的是做人

　　做人比事业和爱情都重要。最重要的不是在世人心目中占据什么位置、和谁一起过日子，而是你自己究竟是一个什么样的人。

　　一切外在的遭际，包括地位、财产、名声，也包括爱情、婚姻、家庭，由于它们往往受各自偶然因素，非自己所能支配，所以不应该成为人生的主要目标，一个人当然不应该把非自己所能支配的东西当作人生的主要目标。一个人真正能支配的唯有对这一切外在遭际的态度，简言之，就是如何做人。人生在世最重要的事情不是幸福或不幸，而是不论幸福还是不幸都保持做人的卓越和尊严。

　　我始终相信人是有精神生活的，而精神生活比外在生活更为本质。我曾经在广西一个小县城里生活了将近10年，如果不是后来的外在机遇，也许会在那里"埋没"终生。我常自问，倘真如此，我便比现在的我差许多吗？我不相信。当然，我肯定不会有现在获得的所谓成就和名声，但在精神上却并无高下，我会以另一种方式收获自己的果实。成功是一个社会概念，一个直接面对自己的人是不会太看重它的。

（周国平）

不要排挤他人

　　某单位一位上司受到一名青年顶撞，本想予以宽容，谁知这青年年轻气盛，肝火大旺，把双方关系弄得伤了筋骨。这位上司心里窝火，隐痛迟迟不能消退。此事过后，青年人憋着劲，要做出些样儿，不久便见了成绩，方方面面硕果压枝，有些地方还颇为耀眼。然而上司并没有认可青年人的表现和成绩，群众也齐刷刷与上司步调一致，弄得青年人愤愤难平。

　　这是一种人际抑制现象。在人际交往中每个人都有相应位置，这是他人生价值在人际关系中的体现，也是社会对每个人的确认。一般情况下这两者是一致的，但有时两者存在错位，出现上托和下压现象，即人际位置被人为抬高和压低，导致人际关系处于不正常状态。我们把后者概括为人际抑制现象。这名青年通过努力取得了成绩，理应得到认可，但上司和身边的群众却反应冷淡，予以抑制，正是这种现象的具体表现。

　　下面说说三种具体情形：

一、出现比照关系，形成竞争威胁时的人际抑制现象。

同处一个生存空间，总是存在比照关系的，这会影响到一个人的地位和利益。当某人取得成绩，正在成长，逐渐显示出优势时，其余人会感受到潜在的竞争威胁。对此常有两种态度：一是刻苦自励，奋力拼搏，不甘落后；二是采取抑制措施，千方百计，不惜采取不正当手段，使其出不了头，冒不了尖。比如有两名青年是大学同学，同时参加工作，同在一个部门。数年之后两人能力上的差异、业绩上的悬殊显示出来了。甲不知不觉对乙采取抑制态度，避实就虚，说小舍大地评价、议论乙。态度和方式上显得轻慢、冷漠，甚至采取贬损手段，非将其压下去不可。

二、对方老实宽厚、与世无争、隐忍退让时的人际抑制现象。

为获取理想位置，对那些挡在前面的老实宽厚者采取抑制办法，既无遭到抗争之忧，又可顺利抢到前列，显得轻松顺利。所以这不仅是一种现象，而且是颇得一些人青睐的方法。比如某位科技人员工作埋头苦干，实绩卓著显赫。这位朋友境界颇高，他看轻名利两字，信奉与世无争的人生哲学，一心一意搞事业。单位里的一些人为取得优越地位，不约而同把他撂到一边，像没这个人似的，竟致把他弄成了个可有可无的。

三、对方是异己分子甚或只是关系疏淡时的人际抑制现象。

有些时候人们并不是惧于潜在竞争威胁，也不是为了占得优势地位，只因对方是异己分子，或向有仇隙，而加以抑制和排挤，阻止他占得相应位置与自己分庭抗礼或碍眼作气。更有甚者鼠肚鸡肠、骄横跋扈，对关系疏淡者必以否定排斥为痛快。比如某住宅区几户人家，A一向有威望，是有影响的人物。A对B一向不以为然，更兼B一副自以为是、趾高气扬的样子，让A怎么也没有好印象。于是A对B采取了抑制态度，让B在左邻右舍间处得很窝囊。

人际抑制现象是人应付外在力量的一种消极的自然的反应，在我们身上也或多或少不知不觉地表现着。对此我们应从以下方面加以克服：

一、具备公德意识。

社会的正常秩序和规范是讲求公平、优胜劣汰，每个人都应自觉遵守，用心维持。这样会进而形成一种社会公德，从而促使人际关系和谐运转，形成一种积极向上、奋发图强的气氛。人际抑制现象是对自我的放纵，是不修道德的必然反映。要克服这种现象，不让它在自己身上发生，首先要让自己具备公德意识，言谈举止要具有很强的公德感。这样就会客观公平地对待任何人，以及他们的任何表现和成绩，以褒扬、欣赏的心态给其相应的人际位置。有位老知识分子德高望重，一向很受尊重。单位里有一名青年人脱颖而出，引人注目。老人确有危机感，但他具备很强的公德意识，不仅没有抑制行为，而且对这名青年极力举荐宣传，褒扬有加，结果青年很快得到肯定和重用，老人也受到人们的尊重。

二、采用心理平衡法。

大家都在努力，都希望自己取得成功，有所成就。却忽然给某人占了先手，走到了前面，说实在话是让人心理很难平衡的。所谓面对现实保持公德心，对修养高的人有用，平常人对这些空洞框框是不买账的。这时可采用心理平衡法，以化解人际抑制现象。每个人的努力和成绩都是多方面的，任何人都不可能方方面面俱佳。此方面你高我一等，彼方面我领先一步，这才是正常现象。我们不必老盯着对方的优势所在，也要寻找欣赏自己的闪光之处。这样心理平衡了，就不会出现抑制现象了。有位女孩娟爱好演讲，可是人们赞叹的是另一女孩莉的演讲水平。真是既生瑜何生亮。娟对莉采取贬损否定态度，却仍然不能把莉压下去。但这时娟想到了自己的唱歌水平是莉所不能及的，心理顿感平衡，对莉也能包容了。

三、相信自己的力量。

任何人取得成就，不管对方情况如何，都是其努力的结果，是与其付出的汗水相等的。有些时候我们只看到对方目前的状况，却不考察这种状况形成的过程，这便自然对其产生不满情绪，从而出现抑制行为。其实对方成就并非高不可攀，只要付出努力，我们也可以达到，要相信自己。这样别人的成绩不仅不会被看作是对我们的威胁，是对我们地位的动摇，反而会产生激励作用，促使我们奋起直追，迎头赶上，从而更好地实现自身价值。雄的表弟在商海中逐浪日久，颇有建树，亲朋好友翘指称赞。雄心中不服，冷言冷语对表弟作低调处理。后来他省悟过来，并从中激起雄心，经过努力在自己本职工作上做出引人注目的成绩。

四、将心比心。

别人有所成就，有其优势，会引起我们的消极反应。反观自己，也并不逊色于人，在另外方面，我们也有值得自豪、让人羡慕的地方。当对他人采取抑制态度时，我们不妨将心比心，假如对方对我们的成绩不仅视而不见，甚至予以抑制时，我们的感受如何呢？谁不希望别人承认、肯定、褒扬自己，给以应有的位置呢？这样一想，就会有所触动，会自觉加强自律意识，把人际抑制意识抛得远远的。

五、塑造大度、潇洒的风度。

人际抑制态度是自我保护、自求生存的表现，虽有些原始消极，但并非原则性问题。然而这毕竟显得有些小家子气，总有些猥琐的味道，轻则让人感到鼠肚鸡肠，不能容人；重则让人怀疑其人格品行。所以要克服人际抑制现象，从本质上说要进行人格塑造，培养健康、向上、达观的心理，形成大度洒脱的风度，保持对他人一种友好、欣赏、悦纳的态度，总是积极地、充满热情地欣赏认可他人，给其应有位置；在别人卓然超群，给自己造成压迫感时更要潇洒以对，坦然处之。有位年轻的领导干部，面对手下能人贤士，及他们的出色成绩，并不感到有什么威胁。相反他觉得应该创造条件，培养扶植下属脱颖而出。他根据这些同志的才干和成绩，一一提拔重用，给以很好的位置，使得大家心情舒畅，热情倍增。这位领导之所以能如此，从本质上说与其气度和品德有关。　　（刘学柱）

对比好人

那年秋天，我不再给人做学生之后，没能马上找到正式工作。于是我应聘到一家中日合资的公寓做服务生。这是我第一次走出校门步入社会。在这段为期不算很长的时间里，我遇到了许多的人许多的事，其中最令我难忘的就是约翰先生与川禾田先生。

做公寓的服务生是比较清闲的，如果房客无事不来传呼，我们就整天守着电话闲聊。大家最喜欢的话题是对比房客。比哪家房客的太太水灵、比哪家房客的先生有派……比得最多最勤最令人动情的是——哪家房客最好伺候。

约翰先生是我们全体服务生一致公认的"好人"。约翰先生很年轻，是美国人。他那白人特有的高大身躯，在80%皆为日本房客的公寓内，真好比是羊群里面出骆驼，特别醒目。约翰先生对一切人都喜欢微笑，并且还喜欢说"你好"。约翰先生说："我非常喜欢中国女孩儿，她们既温柔又漂亮，还特神秘！"服务台上的小姐们闻听其言，个个儿笑得粉面绯红，晶亮的眸子忽悠忽悠波动不已，嘴里就娇嗔道："这老外，真是！"约翰先生还说他也特喜欢中国男子汉，说中国男子汉特有人情味讲义气。"中国人，特哥儿们！敢为朋友两肋插刀！"他挑着大拇指这样对我们服务生说，然后又心虚地问："'哥儿们'这词，我用得对不对？"就有一名服务生一本正经地告诉他："哥儿们，你用得不对。"约翰惊奇："不对？怎么会不对？"那服务生终于忍俊不禁说道："哥儿们只能'交'，不能'用'。一用就假啦。"约翰先生点头，很认真地磨叨、牢记；"哥儿们不能用，一用就假啦。"忽然又瞪起蓝幽幽的大眼睛问："这是谁的名言？是不是孔子？"大家笑成一片。约翰先生的确招人爱。

其实，约翰先生比任何一家房客都"事"多。约翰先生的客房设备三天两头"坏"。"哈喽，我的电视图像不太清楚，请速来检查检查。"甚至，空调机壳里落入一张糖纸发出一点儿沙沙声，他明明知道症结所在，也非要打电话传唤我们服务生去"公干"。我们就佯装愤怒，说："这点儿小事儿，还用得着麻烦我们'专家'动手？"约翰先生扑闪着眼睛笑，说："我不能剥夺你们工作的权利！不过，我会给你们应得的奖励。"说着，就打开冰箱，拿出几筒啤酒，又说："为了你们的麻烦干杯。"在公寓众多房客中，约翰先生是唯一一个肯给服务生敬酒的人。大家不在乎约翰先生的酒，但却不能不为他的平易随和而感动。记得还有一次，约翰先生竟对着电话喊："哈喽，我的电话坏了！请赶快来检查一下。"电话坏了还能通话？大家明明知道是骗局，却心甘情愿"上一当"。风风火火赶到约翰先生"家"，没等敲门，门已经"自动"开了。约翰先生贼似的从门缝儿里探出头来，东张张西望望，确认没有人跟随之后，才将门户彻底打开，说："哥儿们，进来聊聊。今天我休息，一个人待着闷得慌。"约翰先生是一个喜欢制造喜剧的人，约翰先生的"喜剧"为他赢得了众多的好感，并使人们愿意随时随地为其"效劳"。"好人！约翰。"大家当面夸他。他兴奋得几乎要像孩子似的手舞足蹈，欢叫："中国朋友说我是好人啦！我要把这个喜讯打电话告诉我的亲人！"继而悲伤："可他为什么偏偏不喜欢我？"大家愤愤，大家惊奇，问："谁是他？他是谁？"约翰双手一摊，耸肩答道："我的上司比尔，他不喜欢我整天嘻嘻哈哈，说我不够严肃，干不成大事。"大家挑指赞叹："瞅瞅！约翰先生净讲实话！"更喜欢他了。

川禾田先生是默默无闻得近乎渺小的人。他和公寓总经理尾行先生是同胞，也是日本人。川禾田先生瘦得跟鱼干儿似的。据他自己说他已经60多岁了，可看上去却像50刚刚出头儿。他也跟大家打招呼问好，脸上却难得见到笑容，严肃古板的样子让人觉得他的问候是在例行公事。川禾田先生入住公寓已经很多年了。公寓刚刚开业之时他就来了，但却比不上仅仅才来一年的约翰先生为众人所熟知，自然更谈不上被大家喜欢了。这么多年，既无人见他回过国，也不曾有人看到朋友来探望他。每天天刚蒙蒙亮，他就去上班。他是公寓内最早一个出行的人，却是最晚回归。他在津门工作，可偏偏要住京城。他说，"这公寓有我们日商岩井株式会社的股份，我必须把钱花在这里。每一个人都应该爱护自己的公司，时时刻刻主动为它谋利益。"

约翰先生即将归国的时候，买了一大包酥饼腆着肚皮抱着来看大家，放下礼品，拿起电影里学来的架势，抱拳拱手，呵呵笑着说："再见再见，后会有期。"大家纷纷上前跟约翰先生握手话别，感慨不已。千言万语又归结为那句老话："约翰先生，真是个好人！"

川禾田先生走的时候，大家好一阵惊慌忙乱。川禾田先生是先被送进医院，然后又从医院回国的。川禾田先生是因为独自换灯泡踩翻了沙发摔伤的。尾行总经理一边指挥救助川禾田先生，一边向他道歉说："我一定从严惩处那些懒惰的服务生！请您多多原谅！"川禾田先生就说："这件事都只怪我自己不小心！换灯泡我会，我就没想麻烦别人！"然后他又说："请转告服务生们多多注意，灯罩漏电，修理时一定要小心！"哦，川禾田先生的"挨电"，本来是该我们服务生倒霉的呀！

川禾田先生像一阵风烟似地匆匆离去了。川禾田先生临别之际，才被人们于偶然之间发现他的可敬可爱，并被大家一致公认为"也是好人"。直到此时，他的那些"好"'才忽悠一下子云开日出般被大家点点滴滴回忆起来。比如他刚刚入住公寓时，他客房内的下水道曾堵塞过一次。他就向服务生要了一个"揣漏儿"，从此再未找服务生疏通过下水道。再比如有一年隆冬，他客房内的电路突然出了故障，空调陡然失灵，他却没有马上传唤服务生去检修。一直挨到天光大亮，他才打着哈欠囔着鼻子找到服务生说："我的屋子冷得像冰窖一样。"就有人说您要是早点儿来叫我们，就不至于冻感冒啦。他却摇摇头说："不行啊，晚上干活儿，会惊扰邻居们睡觉。"

约翰先生和川禾田先生离开了很久，大家仍在议论不休：约翰和川禾田相比，到底谁最好？没有结果。大家只是觉得，约翰先生更为招人喜欢，而川禾田先生则更为使人敬仰。大家都说他们两个要是能合二为一最好！但这可能吗？

至今，我已离开那家公寓很多年了。很多年来，约翰先生与川禾田先生的音容笑貌与作为，仍然鲜活在我的记忆里，时时醒示着我以海纳百川的胸怀去宽容、善待每一个人……

我想起了一首歌，歌中唱道："好人是这世界的根，好人是这世界的魂。"愿我们大家每人每天都能遇到好人，愿我们大家每人每天都能做一个好人。

(董存江)

你的秘密，我不想知道

　　我是一个热心肠的人，平时朋友有什么困难我总会尽力相助。那天又在街上遇见一个多日不见的朋友，于是便相约去附近的一个茶楼喝茶，朋友属于那种内向讷言的人。喝了几口茶，他的眼就红了，很伤感，很无奈。看他伤心的样子，我不知如何劝解。

　　过了一会儿，他说："我这事实在憋不住了，我想告诉你一个秘密，这样我会好受些。"

　　我有些惊讶，以他平时的性格和为人，想必这是个对他来说十分重大的秘密，否则不会让他有如此重的负担。可我不敢接受，接受别人的秘密，也就是接受了一个永恒的承诺，我必须一辈子小心地为这个承诺负责到底。

　　于是，我很委婉地说："我知道你很相信我，但是，这可能有些为难。或许你不告诉我更好。"

　　他默然点头，继续喝茶。

　　看着他落寞的表情，我心里一阵歉疚，但是我还是想说：你的秘密我真的不想知道！

因为，我曾深受替人保守秘密的苦。

这事要追溯到大学时代。一天晚上，同宿舍的小光神秘兮兮地告诉我，他和系里有名的美女小惠去约会了。小光很兴奋，仿佛吃了蜜一样。他说，这件事我只对你说了，你可别告诉别人，否则，事情就不好收场了。我微笑着点点头。过了几天，小光又兴奋地对我说：小惠答应做我的女朋友了！不过她暂时还不想公开，这恋情只能在地下进行。小光一副幸福陶醉的样子。末了，他仍很郑重地说：你别告诉别人哪！我答应了小光的要求，我说我绝对不会对其他任何人说的，你就放心大胆地去恋爱吧。

所以在以后的一段时间里，我一直把小光的秘密藏在心底，没有告诉任何人。当时我还感觉很荣幸，觉得小光既然能把秘密告诉我，这是对我的莫大信任。可是，保守秘密是一件蛮受煎熬的事情。因为心里装有一个众人都不知道的事，总觉得闷得慌，总想把它说出去。

终于有一天，我实在忍不住，就把小光告诉我的他和小惠谈恋爱的事告诉了我的一个朋友。而我的这个朋友又告诉了其他人。就这样一传十十传百，这件事全系的人很快都知道了。很自然地，小光和小惠也知道了。据说，第二天小惠就和小光告吹了。她的理由是，这样的男人嘴太快，不能保守两个人的秘密，不可靠。小光气坏了，他凶巴巴地找到我，跟我翻脸了。而我，相当尴尬。在尴尬的同时，我感到很懊悔。懊悔自己把小光的秘密说了出去破坏了他的美事。

这次"泄密事件"给了我深刻教训，从此，我不再愿意知道别人的秘密。别人把秘密告诉你，看似一件很荣幸的事，可事实上，却是给你增添了负担和压力。如果一个人老是为别人保守秘密，那就意味着要承担太多的心理负担，做什么事都得细心，处处考虑，生怕把别人的秘密泄露出去。更为难受的是，你往往又有想把这些秘密说出去的欲望。一边是压抑，一边是欲望，两个反复纠缠，长此以往，直接摧毁人的神经。这样的生活，真难熬。所以，人际交往中，我们要学会拒绝秘密，不知道太多秘密，会让自己更轻松。

（赵洪更）

己所"欲"，勿施于人

　　《论语》中有一句话，叫"己所不欲，勿施于人"，意思是自己不想要的，不要强加在别人头上。长期以来，人们以此来束己、律人，的确在为人处世时取得了很好的效果。然而，在现实生活中我却发现了它的反面也不能忽视，那就是：己所欲，有时亦勿施于人。

　　有一次，我去农村参加一个朋友的婚礼。在酒席上，朋友怕我吃不好，专门委托了一位陈姐坐在我身边照顾我。她对我非常热情，频频地把大鱼大肉夹到我的碗里，并和我耳语说："我给你夹的都是我最爱吃的，你一定要吃饱吃好。"而我一面带笑不住地向她表示"感谢"，一面让她不要再"照顾"我。然而我心里想的却是：你所"照顾"的，都是我最不爱吃的。由于她"以己之心，度我之腹"，把自己的所"欲"都热情地"施"给了我，弄得我那顿饭不仅没有吃好，而且没有吃饱。在生活中，类似这种将己"欲"强"施"于人的现象并不鲜见。无论是在单位里或在家庭中，无论是领导对下级还是同事之间，都有这种将"己所欲"强"施于人"，而别人却不"领情"的现象。当"己所欲"和他人的"欲望"相一致时，效果自不必说，肯定是皆大欢喜；但当"己所欲"和对方不一致时，就只能是"好心"得不到好报，轻的会招致不愉快，弄不好还会闹出点"乱子"来。

那么，有哪些"己欲"勿"施"于人呢？笔者认为至少有以下几种情况值得引起注意。

一、不要把自己的看法强施于人

人们对同一个问题的看法不一样是很正常的现象。自己认为对的，在别人看来也许是错的，反之也是一样。有时真理的确在自己一方，但在别人不认识之前，也应允许人家保留意见。切记不要强迫别人接受自己的观点。

王老师是某小学六年级的班主任，他五十多岁了，对工作极负责任，对学生要求更是严格。一天，他上课时发现坐在最后一排名叫范济的男同学把一绺头发染黄了，就大为恼火。他停止了上课，把这名同学叫起来让大家观看。并生气地说："你是越来越不学好，中国人本来就是黄皮肤、黑头发，你把一绺头发染黄了既成不了'星'，也成不了外国人。你承认不承认？"范济低头不回答。王老师见他不说话就来了气，对前面一个同学说："你去我办公室拿剪子，今天让我来帮他剪掉这个错误。"范济听了立刻冲出了教室，一连几天都没来上课。

其实，王老师教育学生的本意是好的，看法也没什么错误。但就是不该按自己的"想法"强迫学生承认自己的错误,并用自己的方法去"帮助"其改正错误。"自己认为是错的,对方也应该认为是错的。否则,就给你点颜色看看",这样"强施于人"的结果肯定事与愿违。

亨利·福特在论做人与处世时有句名言:"了解对方的观点,并且要从他人的角度和自己的角度来看待事情的那种才能。"试想,如果王老师对此现象用讨论或个别谈话的方法处理,说不定范济会主动认识到错误,把那绺黄头发剪掉,也就不会造成这样的后果。

二、不要把自己的爱好强施于人

阿牛性格孤僻,喜欢独处。而他宿舍的几位"哥们儿"却活泼好动,爱好颇多。尤其是从城市来的老大哥何理,跳舞、下棋、打球,他都会,课余时间把大家都带动起来跟他一块玩。开始入学时,阿牛觉得应该随和些,便和他们一块玩,后来,他觉得没意思,当他们出去玩时,他就猫在屋里看书、写日记。一个星期天,有不少同学回了家,何理组织玩牌时"三缺一",这位老大哥不容分说,就拉着正在写信的阿牛要他凑把手。阿牛说自己不想玩,可老大哥却边喊着"劳逸结合嘛",边硬拉着他上。阿牛就是不买他的账。老大哥一看阿牛不给面子就变了脸。把他往门外一推说:"我没见过你这么不懂事的人,往后你甭住在这个宿舍。"说着就把他的东西往外扔,几个人拉着才没打起来。

"要想钓到鱼，要先问问鱼想吃什么"，这是卡耐基《成功之道》中的一句话，也就是说做事时要多考虑对方的"所欲"，因为自己所感兴趣的，未必别人也感兴趣，做事时如果只从自己的爱好出发，来强制别人服从自己，那么十个有十个要失败。即使别人碍着面子勉强顺从了，但心里也会很不高兴。

三、不要把自己的"理想"强施于人

这种情况多发生在家庭里。尤其是父母为了孩子"成龙""成凤"，往往按照自己设定的"理想"目标对孩子提出不切实际的高要求。于是出现了不少"高压"下的悲剧。

我有一个同学在技术部门工作，丈夫是某大学的物理教授。他们有一个儿子，学习也很用功，成绩在中上等，但因为家长总是千叮咛万嘱咐"考上大学才有前途"，造成了他过大的心理压力，每次临场都发挥失常，两次高考都以十几分之差落榜。他的父母都是大学毕业生，都有高级职称，他们无论如何也不能接受儿子考不上大学而成为"蓝领"打工仔的现实。他们全力以赴地要求儿子第三次"重读"。可是儿子第三年补习了没几个月，老师和同学就反映他上课时有语无伦次的现象。父母后来也发现儿子经常两眼发直，嘴里念念叨叨。经几家医院诊断，确认他已患了精神分裂症。这个晴天霹雳差点把这对父母击昏。经过这场磨难他们才从噩梦中惊醒，他们在一次同学会上说："逼孩子学习，给孩子施高压的结果太可怕了，我们大错特错了，我们不该总把自己想要的东西强加给自己的孩子。现在想通了，其实教授的子女怎么就不可以成为普通的'蓝领'呢？条条大路通罗马，只要孩子愿意，无论干什么工作，经过努力都会干得出色，我们当父母的差点毁了孩子啊。"

类似这样的例子还有很多。据某医院统计，在四五十个求医的学生中，约一半患严重的神经衰弱，二十多人患神经官能症，有四五个人到了精神分裂的地步。这不能不使人沉思。

四、不要把自己的习惯强施于人

习惯成自然，保持一些好的习惯本无可非议，可不要忘了，每个人都有自己的习惯，如果强迫别人非按照自己的习惯去做，就如同你习惯喝凉水，也非要别人跟你一块喝凉水一样，一定会闹出毛病来。

许大娘和尚大爷经过了两年的"黄昏恋"，好不容易冲破重重阻力结合到了一起，可结婚不到半年便又"分手"了。当问起他们分手的原因时，两位老人都摇头说："不行啊，习惯不一样啊。"原来，许大娘特爱干净，每天都把屋里收拾得"一尘不染"，为了防止把灰尘带进屋，无论是谁来，都得先在门外把衣服拍打一番才让进门。进屋之后先换拖鞋，然后把换下来的鞋放在规定的位置。做饭时要把米先仔细地挑几遍，刷碗必须先用"洁洁灵"，然后再用开水涮一遍，再一一用布擦干净。这些习惯对于自由懒散惯了的尚大爷来说适应起来很困难。尤其是许大娘不让他在屋里吸烟，晚上不许他打呼噜，他实在接受不了这诸多的"规矩"，于是他只好无奈地向许大娘说声"再见"。

五、不要把自己认为好的礼品强施于人

知彼知己才能百战百胜。这话不只用于军事，同样也适用于生活小事上。如果不了解对方的心理，只从自己的"好心好意"出发，有时就免不了使"好心"受挫。就是送礼也是一样。

谭教授每到过年时都要收到些学生送的礼物，其中有两个学生送的礼物给他印象最深。一位下海成了"大款"的学生送给他一个装有一万元钱的"红包"，表示对老师的感谢，谭教授说什么也不收，可学生说如果不收就是嫌钱少，要不就是看不起他。无奈他只好收下了，只是第二天，他就找人把红包退了回去，并附了封短信，上面写着：谢谢，我不需要钱。另一个学生在报社工作，送给他一张装帧得十分精致的贺卡，塑封在里边的是他在十几年前为这位学生亲自批改的一篇散文，上面有他的批语。这位学生用电脑打了五个大字："难忘恩师情"。他望着这份礼物两眼浸满泪水，连连说："想不到你把一篇我批改过的作文保存了十几年，这是我收到的最好的礼物。"

综上所述不难看出，如果不考虑对方的实际，只从自己的意愿出发，把自己所"想要的""所希望的""所喜欢的"，硬加在别人头

上，那么，尽管你捧给人的是火，人们回敬的却是一盆凉水。

当然，并不是所有的"己欲"都不可施于人，在处世时要注意这样一条原则，那就是适应别人的需要而达到自己的需要，说俗一点就是：当厨师的想做好饭给别人吃，首先要考虑对方有没有吃的欲望，并且还要调查食客爱吃什么，然后再去做。否则，做出再好的饭菜来，别人也不见得喜欢吃。一位教授曾向人们发出这样的处世忠告：一个能从别人的观点看事情，能了解别人心灵的人，永远不必为自己能否成功而担心。

（孙玉茹）

做人贵在"守拙"

现实生活中，人们都希望自己（包括自己的后代）成为一个有学识、有本领的智者，而不希望成为愚拙的庸人，更不希望在别人眼里成为被轻慢被取乐这是人之常情。曾国藩曾这样说过："世人多不甘以愚人自居，故自命每愿为有才者；世人多不欲与小人为缘，故观人每好取有德者……吾生平短于才，爱我者或谬以德器相许，实则虽曾任艰巨，自问仅一愚人，幸不以私智诡谲凿其愚，尚可告后昆耳。"曾国藩被后人誉为"古今完人"，但从他的话里我们可以看出：有些人对愚拙却有自己的理解，并甘愿以愚拙自许自守。纵观中外历史，这样的人还真不少。日本的铃木大拙，是当代最负国际盛名的学者、禅师，他为自己取名"大拙"，就是时时告诫自己要守拙，他说："我并非一个学者，只是一个对于一般人类文化的发展和进步深感兴趣的门外汉。"我国著名语言学家、词学研究权威夏承焘在谈自己的治学经验时说："我曾经跟朋友说：'笨字从本，笨是我治学的本钱。……'一部《十三经》，除了《尔雅》以外，我都一卷一卷地背过。有一次，背得太疲倦了，从椅子上直摔到地面。"有

"京剧天皇"美誉的表演艺术家梅兰芳也说过："我是一个拙劣的学艺人，没有充分的天才，全凭苦学。"看来，越是有成就的人，越是超拔流俗的高人、伟人，越认为自己很拙笨、很无知。古希腊哲学家苏格拉底最著名的格言是："我知道，我什么也不知道。"

世间任何事物都有它的两面性。巧与拙、能与庸、精明与蠢笨、灵敏与迟钝、愚公与智叟都是相对的，甚至是可以相互转化的。老子曾说：大巧若拙。苏东坡据此有"大勇若怯，大智若愚"之言。曾国藩不以私智诡谲取代自己的"愚笨"，并甘以其愚自警自勉；正是这位"圣相"过人的功夫，他也正是靠了"扎硬塞，打死仗"这种拙劲拗劲，才获得了大本大源，成为一代名人。

相反，越是"半瓶子醋"，越是无知的蠢人，越是骄狂诈妄，自以为聪明过人，能量无边，本领盖世。古人云："愚蒙愚蔽，自谓我智；愚而称智，是谓极愚。"生活中，一些这样的"极愚"者，当靠着诡计欺蒙偶获幸胜时，便以为永远都会幸胜。结果聪明反被聪明误，陷进虚妄奸邪的泥淖不能自拔，最后"机关算尽太聪明，反误了卿卿性命"。不少人在拜金浊浪的冲击下，崇尚智能技巧韬略，有的甚至发展到以播弄精魂、逞夸聪明、纵恣弄巧为能事，为了金钱竟把"伪诈"视若拱壁，将"厚黑"奉为圭臬。人人争相以私智诡谲来炫耀自己的精明，唯恐别人嘲笑自己，结果制造了一幕又一幕人间悲剧。

真正的智者是善于守拙的。无论世事如何动荡纷繁、环境如何恶劣险峻，众人是否皆醉，他都能始终保持自己的一份清醒、一份良知，不贪求、不弄巧、不做伪，守一个"拙"字，从而使其平安快乐地度过一生，且由此高扬起人生价值的风帆，成就一番轰轰烈烈的事业。司马迁在《史记》里讲了这样一个故事：鲁国丞相公仪休，特别喜欢吃鱼，有人投其所好送来鲤鱼。公仪休回绝说：正因为我喜欢吃鱼，才不能接受别人的鱼。如今我身为丞相，吃鱼我能买得起，如果我因收别人的贿赂而被罢了相位，那时还有谁给我送鱼呢？

公仪休深知，鱼之美，在于心之静。能心无挂碍、安详自在地品尝鱼香，才能得其真味。若一腔卑污，心烦意乱，惶恐不安，随什么烹得再好的鱼也不过是些土气息、泥滋味。而人之所以能心无挂碍、坦然舒然，就在于立身纯正、心底干净、光明磊落。公仪休正是这样一位大智若愚、大巧若拙的人。后来，唐太宗读了他的故事，感慨道："公仪休性嗜鱼，而不受人鱼，其鱼长存。"确实，这位公大人靠了一个"拙"字，生时能充分享受人生之乐，死后更获得了后人的称颂。

"大巧无巧术，用术者之所以拙。"崇尚机心诈巧，使人背离了人的善良本性，在迷途上愈走愈远。然而，生活实践表明，在沧海横流、大浪滔天的时候，一个守拙自乐、独立不改、精进不息的人，才是真正的智者强者，才是不可征服的人，也才是吃饭饭香、睡觉觉甜、快快乐乐的人。

守拙就是要人守住做人的底线和根本，守住那点素朴之心、真恳之念、清灵之性；就是要坚守一颗"平常心"，脚踏一片"真山水"，养育一段"浩然气"。守拙者，为学必扎扎实实，当官则光光明明，处世定堂堂正正，经商必坦坦荡荡。这样，守拙者反成大智、成大事、成大人。也唯有守拙者才能顺利度过人生的大江大河，避开种种奇灾异难和毒坑陷阱，从而不断升华人生境界，不断走向光明幸福。

（杨云岫）

斩钉截铁地说

　　小夏在和售货员打交道时总是缺乏胆量。由于害怕售货员不高兴而常常买回自己不想要的东西，结果弄得钱又花了心里还不痛快。他的变化来自一次偶然的"斩钉截铁"。那天，他去店里买运动鞋，售货员小姐按他的要求把鞋装进纸盒。但就在这时，他看到里面的货架上摆了一种他喜欢的样式，也许是情急使然，他忽然果断地说：请帮我换一双，里面的那一种也许更适合我。没想到售货员当即答应了。这一刻对小夏来说，是一个重要的转折点，他忽然意识到了使用和捍卫自己的权利的快乐。可以说，新的处世方法的报偿远远超过了自己喜欢的一双鞋子。渐渐的，他的朋友，上司，乃至亲人，都觉得他换了个人似的。他不再是一味地附和应承了。现在他不仅能更经常地得到他应该得到的东西，而且还获得了本应该受到的尊敬。

　　许多刚涉世的青年人以为斩钉截铁地说话就意味着令人不快或蓄意冒犯，其实不然。它显示出你大胆而自信地表明你的权利，或者声明你不容侵犯的立场。下面告诉你斩钉截铁地说话的一些方法和策略。

1.不要说那些招惹别人欺负你的话。有的青年人习惯给人以弱者的形象，没有主见，依赖性强。一有人对自己挑刺，马上就诚惶诚恐地说："是的，我没怎么努力。""你说得对，我不太懂。"即使是违心的，也不敢有丝毫的反击或强硬。其实对方或许并不知道你的真实情况，不过是试探试探，现在你这样说，就等于给他的猜测提供了信心，下一次他的语气会更肯定，更盛气凌人。因为你的懦弱为对方利用你的弱点开了"许可证"。

2.对令人厌烦者以牙还牙。当你碰到吹毛求疵的，好插嘴的，强词夺理的，夸夸其谈的，黏黏乎乎的，以及其他类似者，应该冷静地指明其行为的不受欢迎，而不要"逆来顺受""忍气吞声"。你可以理直气壮地说："请你不要打断我的话。""对不起，我现在有事，请勿打扰！""我们以前交往并不深，我对你忽然180度的大转弯表示奇怪。"这种策略是非常有效的，它会及时提醒对方的举止是反常的，不合情理的，从而中止对你的侵犯或干扰。你越理直气壮，直言不讳，那么你被动的，无端地受制于他人的机会就越少。

3.敢于说"不"。即使在可能会显得有些唐突的场所，也应该毫无拘束地对推销员，售货员，陌生人，或其他蛮横无理者表明自己的态度，勇敢地说"不"。支支吾吾，往往给人造成误解的空子。你必须在一段时间内克服你的胆怯和习惯心理，迈出这一步。因为和隐瞒自己的真实感受的绕圈子的话相比，人们更尊重那种不含糊的回绝。比如你正在办公，推销员推门而入滔滔不绝地向你解说产品的优良性能甚至在你身上做试验。你有些哭笑不得但又不知怎么推辞，结果买下你原先并不想买的东西，还耽误了你的工作，你又后悔又自责。但假如你一开始就说："对不起，我正在工作，请不要打扰。"或："这种产品我不需要，如果你也是珍惜时间的人，那么我奉劝你赶快去其他的地方找买主。"只要你态度鲜明，对方一般就会知趣地告退的。

4.有时也可以适当地用行动作出反应。在办公室或朋友聚会等场合，如果有人逃避自己的责任，你很可能先抱怨几句然后自己去替他做。下一次不能这样。你可以先提醒他，如果没有效果，你可以直接把该他完成或负责的工作推到他的面前。因为有时，行动比语言更有说服力。如果你老是好好先生，其他人会把本属于别人的责任推加到你的头上，有些好事是没必要做的。迁就只会使他更缺乏责任感，从更深的角度说，对于对方的发展也是不利的。

5.不要为自己的果断态度内疚。如果对方因为你的"斩钉截铁"而委屈或生气，你也不要内疚。你并没有侵犯或伤害他人，你不过是稍稍维护和行使了一下自己的权利。过去你既然教会了别人怎样来"欺负"你，那么现在你无非是告诉别人该怎样来尊重你罢了。

（白雨）

要是你按我的话去做

　　"系安全带！"一上车，女人已经命令。出了门口，男人向左转。"转右！"女人又命令。

　　"昨天这个时候那条路塞车，"男人解释，"今天不如换一条路走吧。"真有那么巧，其他人也聪明地转道，变成一条长龙。

　　"转头！"女人说，"要是你按我的话做，不是没事吗？"

　　当然，又是一条长龙，但是女人说："这条龙比刚才那条短得多。"

　　"你看得出哪一条龙长，哪一条龙短？！"男人心想。

　　忽然迎面来了一辆运货的大卡车，喇叭声大作，"冲啊。"女人斩钉截铁地命令。男人即刻照做。砰的一声巨响，撞个正着，奔驰的车头已扁，冒出浓烟。

　　女人的第一个反应是尖叫："要是之前你按我的话做，不是没事吗？"

　　货车中跳出两名彪形大汉。"我不是怕那两个大汉！"男的已经歇斯底里，"我怕的是坐在车里的那个女人！"他落荒而逃。

男的跑了几条街，抬头一看，是结婚前的女友住的地方。

男人直投进女友的怀抱："我自由了，我们马上乘国泰航空公司的飞机到欧洲去旅行！"

女的大喜，抱着他吻了又吻。正当男的觉得一生幸福由此开始时，女的说："不如坐维珍航空吧。""为什么？我坐惯国泰的。"男的说。女的回答："按我的话做，没事。"

咦？这句话在什么地方听过？男人起了鸡皮疙瘩，大喊："不，不！"冲出门，男人再跑几条街，跑回妈妈家里，直奔母亲的怀抱。

妈妈抱着哭泣的儿子，摸摸他的头："我老早就说那个女人不适合你了。要是你按我的话做，不是没事吗？"

男人晕了过去……

（蔡澜）

一种心情

所谓命运，就是说，这一出"人间戏剧"需要各种各样的角色，你只能是其中之一，不可以随意调换。

躺在透析室的病床上，看鲜红的血在透析器里汩汩地走——从我的身体里出来，再回到我的身体里去，那时，我仿佛听见飞机在天上挣扎的声音。

但既然这样，又何必弄一块石头来作证？还是什么都不要吧，墓地、墓碑、花圈、挽联以及各种方式的追悼，什么都不要才好，让寂静，甚至让遗忘，去读那诗句。

有一回记者问到我的职业，我说是生病，业余写一点儿东西。这不是调侃，我这48年大约有一半时间用于生病，此病未去彼病又来，成群结队好像都相信我这身体是一处乐园。或许"铁生"二字暗合了某种意思，至今竟也不死。

生病也是生活体验的一种，甚或算得一项别开生面的游历。这游历当然有风险，但去大河上漂流就安全吗？不同的是，漂流可以事先做些准备，生病通常猝不及防；漂流是自觉的勇猛，生病是被迫的抵抗；漂流，成败都有一份光荣，生病却始终不便夸耀。不过，但凡游历总有酬报：异地他乡增长见识、名山大川陶冶性情、激流险阻锤炼意志，生病的经验是一步步懂得满足。发烧了，才知道不发烧的日子多么清爽；咳嗽了，才体会不咳嗽的嗓子多么安详。刚坐上轮椅时，我老想，不能直立行走岂非把人的特点搞丢了？便觉天昏地暗。等到又生出褥疮，一连数日只能歪七扭八地躺着，才看见端坐的日子其实多么晴朗。后来又患尿毒症，经常昏昏然不能思想，就更加怀恋起往日时光。终于醒悟：其实每时每刻我们都是幸运的，因为任何灾难的前面都可能再加一个"更"字。

所有的消息都在流传，各种各样的角色一个不少，唯时代的装束不同，尘世的姓名有变。每一个人都是一种消息的传达与继续，所有的消息连接起来，便是历史，便是宇宙不灭的热情。一个人就像一个脑细胞，沟通起来就有了思想，储存起来就有了传统。在这人间的图书馆或信息库里，所有的消息都死过，所有的消息都活着，往日在等待另一些"我"来继续，那样便有了未来。死不过是某一个信号的中断，它"轻轻地走"，正如它还会"轻轻地来"。更换一台机器吧——有时候不得不这样，但把消息拷贝下来，重新安装进新的生命，继续，和继续的继续。

（史铁生）

朋友就该这么做

　　那天，杰克把文件扔到我桌上，皱着眉头，气愤地瞪着我。他是我的新上司，我是他的秘书。

　　"怎么了？"我奇怪地问道。

　　他指着计划书，狠狠地说："下次想做什么改动前，先征求一下我的意见！"说完，转身走了。留下我一个人在那里生闷气。

　　他怎么能这样对我？我只是改了一个长句，更正了语法错误，但这都是我分内之事。

　　其实，在这之前，有人就提醒过我，上一任在我这个职位上工作的女士就曾大骂过他。我第一天上班时，就有同事把我拉到一旁小声说："已有两个秘书因他而辞职了。"

　　几周后，我逐渐对杰克有些鄙视了，而这又有悖于我的信条：别人打你左脸，你把右脸也转过去让他打——爱自己的敌人。但无论怎么做，我总会挨杰克的骂。说心里话，我很想灭灭他的嚣张气焰，而不是去忍受他。我还为此默默祈祷过。

因为一件事，我又被气哭了。我冲进他的办公室，准备在被炒鱿鱼前让他知道我的内心感受。我推开门，杰克抬头看了我一眼。

"有事吗?"他问道。

我猛地意识到自己该怎么做了。毕竟，他罪有应得。

我在他对面坐下："杰克，你对待我的方式有很大的问题。没人对我说过那样的话。作为一个职业人士，你这么做很愚蠢，我无法容忍这样的事情再发生!"

杰克不安地笑了笑，向后靠了靠。我闭了一下眼，祈祷着，希望上帝能帮帮我。

"我保证，我可以成为你的朋友。你是我的上司，我自然会尊敬你、礼貌待你，这是我应该做的。而且，每个人都应得到如此礼遇。"我说完，便起身离开，把门关上了。

那个星期余下的几天，杰克一直躲着我。他总趁我吃午饭时，把计划书、技术说明和信件放在我桌上，并且，我修改过的文件不再被打回了。一天，我买了些饼干去办公室，顺便在杰克桌上留了一包。第二天，我又留了一张字条，写道："祝你今天一切顺利。"

接下来的几个星期，杰克不再躲避我了，但沉默了许多，办公室里也没再发生不愉快的事情。于是，同事们在休息室把我团团同起来。

"听说杰克被你镇住了，"他们说，"你肯定大骂了他一顿。"

我摇了摇头，一字一顿地说："我们会成为朋友。"我根本不想提起杰克，每次在大厅看见他时，我总冲他微笑。毕竟，朋友就该这样。

一年后，我32岁，是三个漂亮孩子的母亲，但我被确诊为乳腺癌，这让我极端恐惧。癌细胞已经扩散到我的淋巴结。从统计数据来看，我的时日不多了。手术后，我拜访了亲朋好友。他们尽量宽慰我，都不知道说什么好，有些人反而说错话了，另外一些人则为我难过，还得我去安慰他们。我始终没有放弃希望。

就在我出院的前一天，门外有个人影，是杰克，他尴尬地站在门口。我微笑着招呼他进来，他走到我床边，默默地把一包东西放在我旁边，那里边是几个球茎。

"这是郁金香。"他说。

我笑着，不明白他的用意。

他清了清嗓子："回家后把它们种下，到明年春天就长出来了。"他挪了挪脚："我希望你知道，你一定能看得到它们发芽开花。"

我泪眼模糊地伸出手。"谢谢你。"我低声说。

杰克抓住我的手，生硬地答道："不必客气。到明年长出来后，你就能看到我为你挑的是什么颜色的郁金香了。"而后，他没说一句话便转身离开了。

转眼间，十多年过去了，每年春天，我都会看着这些红白相间的郁金香破土而出。事实上，今年九月，医生将宣布我痊愈。我也看着孩子们高中毕业，进入了大学。在那绝望的时刻，我祈求他人的安慰，而这个男人寥寥数语，却情真意切，温暖着我脆弱的心。

毕竟，朋友之间就该这么做。

（风中短笛）

从容经过你的暗恋海

1

维美是第一个给我伴唱的女孩。那时候我读初二，已是小城里闻名的钢琴王子，常常会参加大大小小的演出，教我弹琴的老师说要不给你找个伴唱吧，这样效果会更好。我没有意见。事实上，那时我只痴迷于弹琴，对于其他，则无暇关注。而且维美又是一个那么普通的女孩子，我找不出值得我去注意的地方。

我一直都是把维美作为一个伴唱来对待的，我常常说，维美你的节奏慢了，注意与我配合；又说维美你要再走神，我们这节课就不要练了；甚至我偶尔心烦，会将不满发泄到她的身上，我说维美，你什么时候可以配合到天衣无缝？维美宽容了我的一切坏脾气，她不善言辞，但却会温柔地笑看过来，安静地等我。总是很奇怪，在她恬淡柔美的笑容里我会微微地愧疚，继而将手边的水杯递给她，轻轻说一句：喝口水吧。

维美就是这样一个女孩子，连与人生气的时候都带着微笑。这

样美好的天性，定是幸福生活里的女孩子才会有的吧。一年以后，
当我们都直升了本校的高中，且因为学的是艺术，分到一个班之后，
我才知道，原来维美的爸爸因为一起事故失去了双腿，而她的母亲
也下了岗。他们在这个城市里，在贫困线上挣扎。从那以后，我开
始关心维美。常常会在她默默打扫琴房的时候，再不会视而不见，
而是停下手中的琴，给她搭一把手。有时候天气热，我会跑下楼去
买两支雪糕，两个人面对面吃到目光相对。

维美一如往昔地沉静，但我还是听出她的声音里，开始有一丝
外人不易察觉的喜悦与明朗。

2

艺术班的女孩子们都很张扬，她们爱上某个人，从来不会遮掩，
会毫不介意将此公布于众。我早已对此习以为常，甚至有些不屑。
但维美这样素朴到几乎让人想不起的女孩，也有了恋爱，我在吃惊
里升起一股淡淡的失落。我在练琴的间隙里，与维美开玩笑，说，
你喜欢的那个男生为什么从来都不现身，既然有勇气让大家知道，
就该有勇气让我们认识哦。

维美在我的这句话里，突然红了脸。我本没有追根究底的兴趣，
便在维美的沉默里继续练习。而那天原本状态很好的维美，却频频
地出错，常常在最激情的一段里卡壳。我终于没了耐性，啪地摔上
琴盖，丢给她一句：这几天你都不用来了，还是我一个人好！转身

出门的瞬间，我看到维美的眼睛里，蓄满了泪水。但我还是一狠心，走开了。

维美果然不再过来伴唱。我一向骄傲，当然不会主动给她道歉。但我还是在弹琴的时候，觉得有些空落，似乎心底最温暖的那个位置，突然地树叶凋零，转成秋天。有一天在去琴房的路上，遇到一个邻班的朋友。他拦住我，说，维美不做你的伴唱了吗？还是她为了给父母省钱，真的不想再学音乐？我一愣，反问道：你听谁说的她不想再学？朋友叹气，说，你好像从来都没关心过她呢，她那么善良，早就想退出艺术班，减轻父母的负担了，还不是为了你弹琴，才又坚持了这么久。这么多年，你至少也得把她当朋友，给她一些鼓励呀，她其实一直在暗恋着你呢！

我是最后一个知道维美暗恋了我四年的笨蛋吧！

我给维美交了高中最后一年的学费，并让老师转告她，这是她应得的奖学金，她可以安心学习唱歌。而后我将一个纸条夹到维美的课本里，说，维美，如果你休息好了，可以继续来给我伴唱吗？

高考报志愿的时候，维美在网上给我留言，问我会选择哪所学校。我低头看看自己已经填好的北京的那所艺术学院，过了片刻，才慢慢打出几个字：我想，我会留在苏州吧，这样可以经常地回家看望父母。

3

高考通知书没有出来的那十几天，维美常常牵了她养的猎犬过来找我。我们在发烫的柏油路上，跟着猎犬飞奔，直跑到筋疲力尽，抱着猎犬大口喘气，且哈哈笑出眼泪来。那该是我读书生涯里最快乐的时光，无须听别人的奉承，也无须一味地将自己沉寂到琴声里。我只是做一个素常的爱玩男生，尽情享受本该激昂的青春。维美也是从没有过的开怀，她常常丢下我，一个人跑到高高的看台上去，旁若无人地高声歌唱。我看她尽情伸展的双臂和瘦削的侧影，突然会难过地想，是不是注定了，维美永远只能做我的伴唱，不能成为我生命里的主角，甚至有可能连朋友都做不成？

我在临去北京读大学的时候，也没有给维美解释我的这份自私。我想聪明的维美应该明白，并不是所有的暗恋都可以拿到阳光下，让彼此看得清晰的。有时候或许什么也不说，反而是最好。

维美像我意料中的没有来送我。但却是在我入校的第二个周末，在校园的一个拐角处，碰到了迎面走来的维美。是维美先冲我笑，说，我可以继续做你的伴唱吗？我那时候已经不需要人来专门地伴唱了。我的高傲在很短的时间里，便与我的才华一样，传遍整个学院。但终于还是没有忍心，拒绝掉维美，只说，如果需要，我会叫你来。

可是在说出这句话的时候，我的心里，却是莫名其妙地生出略略的烦乱。我想是不是所有的人，爱起来的时候，都像维美这样倔强和坚韧，不管我怎样自私，她都不说破，只是安静地穿过我的谎言，继续执拗地爱我？

4

一切又像是从前，我练琴的时候，有维美在身边。只是我故意地找来别的女生伴唱，而她，只做了我忠实的听众。我看得出，即便是这样，维美依然是欢喜。她倚在窗前，轻声地随着我的曲子哼唱。偶尔我停下来，纠正伴唱的女生，维美会突然在我的言语里，羞红了脸浅笑。我不知道维美的心里，究竟想起什么美好的事情。但我知道，那一刻的维美是幸福的。她神情里的娇羞和温柔，几乎让每一个人都看得出，她在经历一场很美的爱情。

维美从来没有问过我，到底她在我的心里有着怎样的位置。她只是默默地爱着，且为我做一切她认为该做的事。琴房里总是有花儿开，我的书桌永远洁净；书包里的口香糖嚼完了，又会有新的放入；杯子里的水也总是温暖的。甚至我搭在椅背上的衣服有了污痕，也很快地会消失殆尽。那个年少时将爱恋羞怯地藏在心里的维美，开始从容地走近这份爱情。尽管，只是走近，而不会走进，且安然抵达我的心底。

是什么时候开始的呢，我频频地与别的女孩子约会，将维美冷冷地丢在偌大的琴房里。尽管约会的时候，我常常心不在焉，而且从没有过维美那样不息的热情和看似完美无缺的幸福。我自始至终都踏不住爱情的影子。就像自始至终，维美都没有因为我故意的冷落而放弃这场一个人的爱恋。

这样直到大三，每个人都以为我和维美在谈恋爱的时候，我开始疯狂地喜欢上一个外校的女孩。是在一场演出上相识，而且她亦肯真心将我接纳。那是我第一次品尝到爱情，那样忧伤又那样甜蜜，像是七月的芙蓉。

小心翼翼地将这个消息告诉维美的时候，本以为她会大哭，却是只有轻轻的一句话：好好去爱，你会幸福。这场长达八年的爱恋，就这样被维美安静地结束。只留给我一份浓浓的失落和感伤。

我发短信给维美，说，为什么你可以这样轻易地放弃？维美淡淡回道：为什么不可以？岁月已经给了我足够的时间等待这段爱情，慢慢凋零。因为我爱你，所以我比你更幸福，有这样的幸福一路相伴，即便只是在你的光环边缘处行走，我已是满足。这样一份感觉，我已经从容地经过，而你正在走近，所以请你好好珍惜。

原来爱情，可以只与一个人有关。

（安宁）

让他人向你说出秘密

美国人弗兰克·沃伦从事着人们从未想过的职业：收集秘密。从2004年起，他就意识到，世界上每个人都有属于自己的秘密，如果在一个安全的地方将它讲述出来，这不仅有益于持有人的身心健康，还可以抚慰更多看到这些秘密的人的心灵。于是，他来到华盛顿特区街头，向过往的行人散发空白明信片，并问他们："你是否有过这种经历：你的内心隐藏着一个非常渴望向人倾诉的秘密，但又找不到合适的途径？"接着，他便会微笑着要你在明信片上写下一个从未向外人透露过的秘密。

结果出乎许多人包括弗兰克·沃伦本人的预料：第一批散发出去的3000张明信片全部寄回来了，而且至今仍不停地收到来自世界各地的明信片。截至今年8月，他收到的明信片数量已超过20万张。

从2004年11月创造该项目起，弗兰克·沃伦从每周收到的大约1000张左右的明信片中选取20张，上传到他的博客网站上。该网站的点击量在2007年就超过了一亿次，成为世界上排名第一的谢绝广告的博客网站。

在分析成功的原因时，弗兰克·沃伦认为，分享秘密对读者具有"治疗作用"。每个秘密背后都隐藏着一个鲜活的人，或喜悦，或痛苦，或彷徨，或抑郁。秘密乃是人类灵魂最刻骨铭心、最感人的生活写照，是隐藏于我们内心的恐惧、希望、忏悔和渴盼。从8岁的孩子到80岁的老人，不管是天真和童趣、迷惘和痛苦，抑或是幻想和激情，都折射出一颗柔弱、渴望和敏感的心灵。因此，从本质上讲，所有的秘密都具有隐私的本性。然而，隐私与刻意隐私相比，它还有一种矛盾性，那就是秘密的持有者普遍有一种倾诉的渴望，只要能为它找到一个安全的途径，他们就乐意与别人共享。而网站正好适应了这种需求。上网者饶有兴趣地阅读别人的秘密后，在发现有些秘密竟和隐藏于自己内心的秘密不谋而合时，就会感到一种触及灵魂的震撼，不再觉得自己在这个世界上是如此孤单。这种内心最深处的沟通，如润物细无声的春雨一般慰藉人们的心灵，并悄悄地改变着每一个人。

弗兰克·沃伦收集秘密并与他人共享的做法，开始时很多人不以为然，连他的父亲也摸不着头脑。他向父亲解释说，我收到的成千上万个秘密不仅仅是"招供"，它们有趣、悲伤，甚至感人。有不少人从别人倾诉自己秘密的明信片上发现了自己的影子，另外一些人则讨论如何通过倾诉隐藏在内心的秘密，改善家庭成员间的关系，鼓舞人们更加积极乐观地面对未来，以新的视角和姿态面对纷繁复杂的人生。有张明信片上这样写着："我最痛恨自己的地方是，我太懒惰了，以至于不愿意改变自己讨厌的事物。"新墨西哥一位女士看到这张明信片后唏嘘不已，她说："我读到你的秘密时，忍不住流下了眼泪。我决定审视自己，看看自己到底出了什么问题。我意识到，这不仅仅是懒惰，而且还出自恐惧。现在，我决定不再让恐惧和懒惰左右我的生活。"听了他的解释后，父亲沉默了好一会儿。后来，他对儿子说："你想知道我的秘密吗？"随后，父亲鼓足勇气讲述了他的一段痛苦的童年往事。讲完后，弗兰克·沃伦发现，他更加理解父亲了，而且打那以后，他们之间的关系发生了彻底的变化。

就这样，弗兰克·沃伦用一双不可思议的眼睛，捕捉到了震撼人心的秘密，因此他被誉为"美国最可信赖的陌生人"，并成为获得极大成功的博客网站的创始人和四本连续进入《纽约时报》畅销书排行榜的前列作者之一。

每个人都有不同寻常的经历，都有隐藏于内心深处的秘密，也都有找到一个安全地方一吐为快的渴望。只要能开辟一个安全而又不受干扰的途径，让他们以享受尊严和不受伤害的方式讲述，大家都会愿意倾诉并与他人共享自己的秘密，展露真实、幽默、诗意的人性。而了解他人秘密的人，也会被深深打动，从而变得更加宽容和富有同情心，这世界也就会变得更加温馨与和平。这就是弗兰克·沃伦成功的奥秘所在。

（薛弢）

不 喜 欢

不喜欢是自己的事。

我不喜欢文人论争中那些恶言相加的谤文。我也写杂文，但我总想写些有刺也有趣的杂文。不喜欢杂文大刻毒，也许有人认为那是深刻，我不大赞同。鲁迅的杂文刻薄多于机智。当然鲁迅写的对象大概多是政治上的"敌人"。我以为，政治上的敌人在今天是有的，比方说贪官，但今天读杂文的多是老百姓，更多的杂文是文人百姓间的纷争，无论是文坛还是其他圈子。真有势不两立者，上法院上检察院，对簿公堂好了。只要还是笔墨官司，用不着毒火攻心。我这也是一家之言，我不喜欢，不等于人家的文章不好。有时我读了文章还会想：这位朋友不写文章时，面慈目善，像个书生，怎么一写字就让人觉得面目狰狞了？读文如人，并不全对。

不喜欢卡拉OK，不喜欢的原因多。一是不喜欢学舌歌唱，而且还要下决心听；二是空气不好。一个唱几人听，或者同行者互相唱，空气混浊，抽烟的人吐出来的烟气会像翻唱的小曲，钻进其他人的肺叶。想想都恐怖。但像我这样想的人少，所以只能说我不喜欢日本人这个发明。

不喜欢鱼缸里生病的小鱼。小鱼一病，没精神，老是把肚子向上翻。没办法治，也狠不下心将它丢出鱼缸，又怕得病的小鱼传染给其他小鱼。一大缸鱼里有了生病的小鱼，这一天心情算完了。

不喜欢一打开封面，后面就是一大堆照片的书。我理解作者的心情，出了一本书，好像读者是到家里串门的亲戚。亲戚来了坐在客厅里，除了沏茶上瓜子花生外，再就是拿出自家的照片簿，这是老大现在当局长了，这是二闺女考上大学了……唉，读者不是亲戚，过分亲热了，让人不自在。不自在就会心里不喜欢，这是实话。

不喜欢有人在自己面前说别人的坏话，特别是被议论的人并不在场。我实在不明白，这是什么心态？说人坏话者在说别人的坏话，只为表明说话者讨厌那个人。既然讨厌他，他又不在场，这本来是忘却不愉快的好机会。然而，偏偏不想忘记自己讨厌的人，念念不忘用舌头把那个人拖到大家的面前来！永远沉浸在不痛快之中，长舌者的舌头拖着自己的"仇人"像拖着影子，满世界地宣告自己那一点儿私怨——这实在是叫人不喜欢的特号"愚蠢"！

不喜欢别人的愚蠢，更不喜欢自己的愚蠢，把自己不喜欢的事放大，以为好坏是天下大事。我以前也是这样"爱憎分明"，现在想来，真不喜欢自己曾是这样小肚鸡肠。

好在我不喜欢的事不算太多，想到这里，喜上眉梢，偷偷地笑了……

（叶延滨）

喜欢越来越轻的生活

前不久，向一女友抱怨，谁谁谁又说了伤害我的话，做出让我伤心的事。她没有一如往常出语安慰，反倒抛出俩字：活该。

很吃惊，很不爽，她是好友，而非仇人，竟用如此恶毒的语言，落井下石般在我伤口上撒盐，甚是费解。

没等我问，她接着说，真是哀其不幸，怒其不争，这人并非第一次伤害你，在一个地方不小心跌倒是意外，第二次，第三次，明知道此地有坑，执意往下跳，不是活该是什么！

如此说来，的确活该。我从来不曾听过她抱怨谁，并非她不喜欢诉说，而是她选择疏远或拒绝接触让她不开心的人，久而久之，身边筛选剩下的，都是可交可信，能相处愉快的益友。朋友无须多，三两个知心贴己的已足够。

按照她所说的方法尝试一下，生活环境和心情果然都好了很多，少去很多不必要的烦扰。

让我们生活添堵的朋友，不能称之为朋友，真正的朋友会为我们的生活注入正面的能量，而让我们不开心的人，只能是消耗生命的负面能量，不要也罢。

消耗我们生活品质的负面能量，不止有人，还有那些潜伏于我们周围，经久不用，却霸占着我们的视线、心理空间的物品。

我渐渐开始喜欢扔东西，包括，卸载电脑上用不到的软件，家里废旧的物件，最重要的是，远离让我不开心的人……东西少了，负担随之轻了很多。

压力大，通常是因为我们贪恋的东西太多，一旦舍得放弃，便会轻松很多。

打开电脑，除去必须用到的诸如办公软件，交流软件，杀毒软件……其余一概卸载，看着卸载框里一个个文件飞速从电脑里移除，心里有说不出的惬意，删去不必要的软件，电脑运行速度快了很多，再不用为升级内存，扩大上网流量而劳心伤财。

家里一些长期不用的电器，如酸奶机、面包机，更新换代的旧电视、旧电脑，能卖则卖，否则便扔。最该扔、最占空间的是无数次一见钟情、冲动买下的衣柜里那一排排的衣服，多半不想穿，又舍不得扔，每年换季，还要拿出来整理、清洗，却始终没穿过。寸金寸房里的空间，用来盛放这些不穿便等于没价值的衣物，太暴殄天物。

于是，把穿着不好看、不合适的衣服鞋子全整理出来，挑一些质地尚好的，洗净晾好，捐赠到贫困山区，剩下的一并交付垃圾桶。多余衣物被逐出家门，仿佛身上多余的赘肉被减掉，顿觉身轻气爽，做起家务，省时省力。

随着年龄的增长，我们拥有的东西和接触的人只会越来越多。而这一切，不管是物，还是人，都会为之所累。那么，不用的物品就扔了吧！让我们不开心的人，也远离吧，让我们的生活，去芜存菁，删繁就简。越来越轻的生活，会让我们过得更轻松，更快乐。

（王碧君）

因为公德

一次，学生甲不小心把手机丢了。这手机买时也就三百多元，况且已经用了两年多了。考虑到手机里存有一些宝贵的资料，抱着试一试的想法，他在校园各处贴出了寻物启事。第二天，一个学生乙学生将手机送了过来，为了表达谢意，要请学生乙吃饭。学生乙平静地说："不必了，这手机本就是你的，还给你是应该的。"

可就在第三天，学生甲却收到了校方送来的一张罚单。原因是他乱贴寻物启事，弄脏了墙壁。更让他惊讶的是：揭发他的竟是那位还他手机的学生乙。事后，他找到那位学生，问："问什么？"

学生乙耸耸肩说："我这样做，有错吗？我把手机还给你，是出于公德；向校方告发你的不文明行为，同样是因为公德，仅此而已。"

（羊白）

错过的兄弟缘

　　秦和我在大学时同系，上合堂的时候偶尔会坐在一块，聊上几句关于天气的废话，我爱游山玩水，他爱学习打工，我们根本没有交集。

　　读大四的那一年，父亲的腿上长了一个良性肿瘤，他的一个下属利用关系将父亲接到省城最好的医院，且不需父亲花一分钱。这样的好意，父亲当然是领，医院恰好在大学附近，我便拍父亲的马屁说要给他做看护，父亲白了我一眼，说，我看你宁肯去吃喝玩乐，也不愿意半夜三更扶我上厕所吧？我的脸腾地红了。父亲却没看我，继续说：已经有人帮我找好看护了，是你的学友，小伙子挺勤快，也挺实在的，不像你，说话的时候嘴上抹了蜜似的甜，真干起活来，比谁都滑。

　　我逃课去陪新交的女友逛街，中午会例行公事般地去父亲病房里遛上一圈，有他的下属送来的好饭菜就留下来蹭上一顿。父亲总是边拿"怒其不争"的眼光狠狠地看着我，边给我讲看护的百般好。说他总在半夜里许多次醒来，只为看看父亲是不是需要上厕所，或是吃药喝水；说他为了缓解父亲腿上的疼痛，会握着父亲的一只手，给他讲些学校里的笑话听；说他连邻病房的人有了麻烦，也会热心地过去帮一把……我漫不经心地问了一句：他老爸是干什么的？父亲听了一脸的同情，说：也是个看护，在医院旁边租的房子，因为人很可靠，所以有需要看护的活，医生总会先想着他。父子俩相依为命也不容易。我一笑，道：父亲没出息，儿子也跟着没本事，挣几个小钱够干什么的？

　　父亲不屑我的言论，但在快出院的时候却向我郑重地宣布了一个消息，他打算；将这个看护收为义子。我大吃了一惊，立刻问父亲：他叫什么名字，既然是我的学友，我打听清楚情况再收也不晚，小心他看咱家有钱；再说，人家可能不想当你的义子，我找人帮你问问再说吧。父亲胸有成竹地慢慢回道：他早就答应了，是个好小伙，明天中午见见你这个新兄弟吧。

　　那一刻，我并没像父亲一样有一种不可抑制的兴奋和喜悦。我只觉得有些烦乱，就像小时候被人抢了心爱的玩具，自己却无力去夺回一样。但我还是寄希望于他能识相地别来攀附父亲的高枝。

　　那天父亲的下属在省城一家很高档的宾馆里为他庆贺出院，我在宾馆的门口碰见了秦。我看他搀扶着一个土气很浓的老头走出来，很好奇地问他一句：你来这儿做什么？秦在我的问话里脸微微地有些红，还没待他说话，便听到楼上父亲的下属在喊我的名字，我没再听就上了楼。在楼梯口不经意地一瞥，却看到秦和那老人已转身走出了宾馆，门口走出来的父亲，却是看着他们的背影很焦急地来了一句：小秦和他爸怎么走了？

再看到秦，彼此都有些不自然，但我的心里，却很奇怪地没了烦闷。父亲打电话来的时候，偶尔还会给我念叨差一点就成了他义子的小秦。我和秦，又像是两条平行线，互不相交地在各自的生活轨道上延伸下去。我在父亲的安排下，进了待遇很好的单位，但人际关系的复杂，让我不禁想起了心地纯善的秦。毕业留言册上，有一句没有署名的话，说：来的时候，我们陌生，走的时候，我们依然是彼此隔膜，但我们曾经有一份成为兄弟的缘分。

是的，曾经有一份兄弟缘摆在我面前，但在世俗里，却被我漠然地抛弃了。

（安宁）

一生相随

　　风和日丽的某一天，一对70来岁的老夫妇走进了一家律师事务所。显然，他们准备到那儿办理离婚手续。律师对此感到迷惑不解，在跟他们交谈了之后，了解了事情的缘由：这对夫妇在40多年的婚姻生活中一直吵个不停，他们似乎总能找到对方的毛病。

　　律师不大情愿地为他们草拟了一份离婚协议书，因为他觉得，经过婚后40年的相濡以沫，现在离婚真的不是明智的选择。所以律师建议他们三个人一起去吃顿饭，看有没有复合的可能。

　　餐桌上，沉默使得气氛异常尴尬。第一道菜是烤鸡。老头子马上夹了一个鸡腿给老妇人，说道："我知道你最喜欢吃这个了。"

　　然而，老妇人却眉毛紧皱地回答道："问题就在这儿，你总是自以为是，从来没有顾及过我的感受，难道你就不知道我很讨厌吃鸡腿吗？"

　　她不清楚的是，这些年来，她的丈夫一直使尽办法讨她的欢心；她不清楚的是，鸡腿是她丈夫最爱吃的食物。而他不清楚的是，他的妻子总认为他完全不了解她；他不清楚的是，他妻子讨厌吃鸡腿，尽管他把自己最喜欢吃的都给了她。

那天晚上，两个老人都夜不能寐。几个小时过后，老头子终于忍耐不住，他发觉他仍然爱着老妇人。于是，他拿起电话，开始按老妇人的电话号码。然而铃声响个不停，但另一边却没人接。而此时，老妇人也感到很伤心，她搞不清楚为什么经过多年的相处，她的丈夫仍然一点都不了解她。事实上，她非常爱她的丈夫，但她再也忍受不下去了。电话铃在响，老妇人知道是老头子打来的，但她不愿意接听他的电话。老妇人想："都离了婚了，现在谈论这些还有什么意义呢？提出离婚的人是我，而现在，我想保持这种现状。要不然，我就丢脸了。"电话铃仍然在响，她于是干脆把电话线拔掉了。她完全忘记了，老头子有心脏病。

第二天早上，老妇人得知了老头子昨晚逝世的消息。她径直向他的公寓跑去，看到他的身体躺在沙发上，手里仍然拿着电话。那天晚上，当她的丈夫仍然试图接通她的电话时，心脏病突然发作了。

尽管她很悲伤，但老妇人仍然不得不亲自动手清理他的遗物。当老妇人认真整理抽屉时，她发现了一张保险单。保险日期从他们结婚之日算起，毫无疑问，保险受益人是她。与保单在一起的还有一封短信：

"写给我最亲爱的妻子：当你读着这封信的时候，相信我已经离开了人世。我为你买了这份保险，虽然金额总数才区区1000英镑，但我希望它能帮助我继续履行我们结婚时我所承诺的誓言。我也许不能再陪你一起度过你的余生，但我希望这个保险赔付的钱能够继续为你提供保障，就好像我还活着一样照顾你。我想让你知道，我会一直在你的身边，支持你。我爱你！"

老妇人看到这里，泪如雨下。

当你爱着某人的时候，要让他们知道你的爱意，因为你永远不知道下一分钟将会发生什么事。学会一起构筑生活，学会去爱彼此，不去强求对方改变个性，而是宽容地接受对方。

（梁开春）

人为什么要说谎

　　人在一生中要经历许许多多谎言，有时是你对别人说谎，有时是别人对你说谎。

　　那么，人为什么要说谎呢？美国心理学家罗伯特·费尔德曼做过一个试验，请参与者携带一个微型摄像机，记录一天的谈话。他的分析结果是，每3分钟的谈话，就会出现3个谎言。他举例说，有一位女士接到男朋友的电话，对方说自己生病了，这位女士表示关切和同情。事后，她告诉费尔德曼，自己的真实想法是：真是一个孩子，还不会照顾自己。人们认为，说一些小谎，无关紧要，甚至是必需的——尤其是那些善意的谎言。问题在于，有时，我们做过了头。心理学家一直认为，习惯性说谎是一种精神疾病，或者是为了达到某个目标，有意为之。

　　从人的生理方面讲，欺骗是自然界最基本的现象之一，从病毒表层蛋白对人体免疫系统的欺骗到昆虫的拟态，欺骗是生物为了更好地繁衍而进化出的本领，从道德层面讲，按照康德的理论，是因为没有遵从绝对的道德法则而行事。道德法则是合乎理性的，那么人为什么会不遵从？是因为人不仅是理性人，而且也是生物人，因而会时不时受到感性世界的影响，也就是会受到短期行为结果对自身的影响，比如利益、情感等等，这都是在行为之前过多考虑了这项行为能带来什么好处。比如我们会为了钱而说谎，会为了不伤害别人而说谎。

由此来看，谎言有好的一面，也有不好的一面，在小说《最后一片叶子》中，描写了一个动人的故事：透过病房的窗子，病人看到风中摇曳的树木。枯叶一片片地落下去，病人将残存的枯叶看成是自己生命的象征。她想，当最后一片枯叶落时，自己的生命也就结束了。老画家得知此事后，便在连接树枝的墙上画下一片叶子。在这里，谎言就是善意的了。

那么如何区别谎言的善恶呢？这里面既有道德标准，也有功利主义的标准，这是一个很有意思的问题。德国一个心理学家做过调查，他向459个孩子提问："谎言是坏的吗？"其中159人回答是坏的，187人否定这一点，而其他113人认为，要根据时间、地点和场合来断定谎言的好坏。这位心理学家分析，许多孩子不认同谎言是坏的，主要是因为他们将说谎认定为生活技能问题，而不是伦理道德问题。即使有些孩子认为谎言是坏的，也不是基于伦理的考虑，而是认为说谎的人是生活的弱者，可怜虫。

谎言产生于人类繁衍的最初，大部分研究者认为，这是人类进化的结果，通过说谎保护自己，而谎言的接受者并没有察觉到每个谎言，因此，整个人类社会得以和谐有序地发展。保罗·埃克曼博士认为："说谎是人类社会的重要特性，人们在社交活动中应正确理解说谎现象。有时候，善意的说谎是必要的。"

社会心理学家认为，说谎与身份维护、自我呈现和印象管理有关。日常社会生活中展现的"自我"，多少都是经过改编和包装的通常，人们会根据当下所处的环境，来调整自己的表现和表达方式，以塑造恰当的形象，获得他人的情感支持，影响他人的偏好，赢得他人的赞同等等；这些目标的实现，对人们社会交往的顺利进行具有重要意义。

不过，有很多时候，谎言也是人类对自己的惩罚和戏弄，有善意的谎言却无有价值的谎言，任何欺瞒都没有永久性，一旦揭穿必然会构成伤害。

（杨敬）

都市中的人心沙漠

　　在一份报纸上看到两则故事，是关于人的故事：一个故事讲的是，一个叫梁儒祥的老人散步到北京玉泉路的花鸟鱼虫市场时突然发病，倒在地上抱头扭动。市场里人如潮涌，人们哗地围上来看稀罕。人们静观、议论，甚至有人觉得好笑，竟笑出声来……后来老人不动了，静卧在地上。两个多小时以后，市场要关门了，保安发现了老人，可老人已经死了。

　　另一个故事讲的是，一个叫朱大明的检察院工作人员抓小偷，朱大明与小偷血战了半个多小时，围观者有三四十人之众，却无一人施以援手，连帮忙报警的人也没有。最后来大明只好听一个旁边看笑话的人的话，用自己的手机拨打110。这个时候小偷趁机逃跑了，竟然有人向朱大明打趣说："看你的手机被偷走没有……"

　　我还看到过两则故事，是关于动物的故事：一个故事讲的是猴子。如果一个没有后代的猴子死掉了，不管是否认识的猴子都会围上前表示哀悼，然后猴子们一起动手挖个坑将死猴埋掉。参加掩埋的猴子会把死猴的尾巴露在外面，只要风一吹，猴的尾巴就会动，活猴们就高兴地把死猴再扒出来，百般抚摸，盼望能复活。这样挖出又埋掉会达数十次，那份爱心让研究者唏嘘不止。

另一个故事讲的是大象。如果一头大象不幸遇难，总会有一个年龄稍大的雄象站出来组织葬礼。先是雄象用象牙掘松地面的泥土，用鼻子卷起土块，朝死象的身上埋，接着其他的象依此照做。掩埋好后，雄象开始用脚将土踩实，其他的象便也跟着踩。踩一阵埋一阵，就这样修成一座象墓。随着雄象一声号叫，众象开始绕着象冢慢慢行走，类似我们人类的遗体告别仪式。令人感动的是，不管从什么时候开始行走，这群伤感的大象一定要走到太阳落山，才由雄象领着依依不舍地离开。

我摘录这样两组故事并非故意和人过不去。毕竟关于人的两个故事是个别现象，但不容回避的是。在物欲横流的今天，都市中的人心沙漠却是客观存在的，缺乏爱心和责任感的人大有人在。用动物的故事做反衬确实令人不舒服，但我想说的正是，我们理应在任何场合，做任何事都使自己的行为展现出人性之美。

（赵瑜）

人为什么会 "玩世不恭"？

最近我收到读者的一封来信，信中这样写道："我有一个朋友，很聪明，也很能干，但有一个毛病，就是太有点玩世不恭了。我很想帮助他，可就是找不到办法？邵先生，您说我该怎么办。"

这位朋友提的问题很有意思，看一看周围的人，似乎将玩世不恭作为自己人生信条的人还真不少。玩世不恭究竟是怎么回事？怎样克服玩世不恭的心态？这的确是需要回答的问题。

那么，什么叫"玩世不恭"？它指的是人们的一种处世哲学和待人方式，是以不严肃、不恭敬、不礼貌、不尊重、不在乎的态度去对待世界上所发生的一切事。一般来说，持这种态度的人有以下这些特点。

第一，毫无进取的人生态度。

人活在世上究竟是为了什么？说得太高似乎会被人说不现实，但至少有一点，得有点进取精神，得有点不知足，得有点不满足已有的发展水平，不满足已取得的成绩。一个人若是有了进取心，就会充满生气，就会积极向上，就会大踏步地向前发展。所以，这种人总是想为社会做点什么，为自己的发展做些什么。

但是，对玩世不恭的人来说，就不是那回事了。明明是很有能力的、非常聪明的人，但是却什么都不想——不想求上、不想求优、不想求高、不想一步一步地前进，既无所求，也无远大的目标，一切的一切都任其发展。做事之前总是有无穷无尽的忧虑，总是怀疑自己能不能干好，患得患失、犹豫不前。至于自己的工作、自己的事业，则毫无所求，往往是除了一张"俐齿伶牙"的嘴皮子外，其他则一无所成。这就是这类玩世不恭者的人生态度。

第二，对周围发生的一切也都满不在乎，无所谓，也与世无争。

大凡玩世不恭者都认为什么名誉地位，什么功名利禄，都是不屑一顾、不值一争的东西。在这类人中流行的是"一无、二没、三倒"。所谓"一无"，指的是一种极端虚无主义的"无所谓"态度：爱情无所谓、工作无所谓、事业无所谓、家庭无所谓、成功无所谓、失败无所谓、赞扬无所谓、批评无所谓……总之，一切的一切都无所谓；所谓"二没"，指的是"没有劲"，干活没有劲、学习没有劲、工作没有劲、玩没有劲、谈恋爱没有劲……所谓"三倒"，即一切的一切都拉倒吧！

那么，这种玩世不恭者是不是出于一种人格的高尚或品德的神圣呢？不是。说得轻一点，那是一种对自己人生的一种漠视，一种痞子式的自我解脱；说得重一点，是对现存秩序、已有规范的一种挑战，一种否定。

第三，对什么都持"批判的态度"。

玩世不恭的人不管是对的还是错的，不管是上级还是下级，不管什么原则还是非原则的，不管是不是神圣、高雅，统统都认为是伪善的、虚假的，统统都要进行放荡不羁、玩世不恭式的"批判"。这类人无论是对父辈、对朋友，或是对领导、对周围的人，都统统一律地用调侃、放肆的语言进行似讽似嘲、似笑似骂、似怒似喜式的"批判"，对正经的不正经的都批判，其使用的语言尖刻、锋芒毕露，往往使人哭笑不得、下不了台。总之，这类人整天地与他人"开涮"，整天地与社会"调侃"，整天对自己进行"自嘲"……（当然，在玩世不恭者身上倒也并非一无所是。他们有时所看不惯的、"批判"的也往往是老百姓们所看不惯甚至是痛恨的现象，在他们的身上有时还散发出不少相当强烈的同情心和正义感。）

只要你能正视现实，就不难发现：在当今的社会中不乏这类玩世不恭的人，而且在这几年中，在社会某一"特定的层次"中，这种类型的人有越来越多的发展趋势，而且还有越来越吃得开、越来越被人们所接受的趋势。

这的确是个不大不小的问题。

也许有人会问：什么样的人容易玩世不恭呢？

第一，过于优越的生活条件容易玩世不恭。玩世不恭者一般来说是些从小就过着衣食无忧的生活的人。这类人往往都是出生于物质生活条件比较优越、雄厚的家庭之中，有的则是具有一定地位的

"官宦人家",或是什么都不缺的"高层次"的家庭,从小就过着"饭来张口、衣来伸手"的享乐生活,用不着烦恼,也用不着忧愁,家庭为他们的"发展"准备了一切,因而在他们的生活词典里,什么来得都很容易,什么都满不在乎。因而不懂得什么叫奋斗、不懂得什么叫艰苦、不懂得什么叫努力,更不懂得什么叫"代价"和"牺牲",他们追求的只是眼前的快乐和享受。

第二,从小就骄横惯了的人容易玩世不恭。

大凡玩世不恭的人都有"我行我素"的毛病。有的是"独苗",是家里的"小皇帝",父母亲过于宠惯他们,要什么给什么,提什么就满足什么,不依他们就不行,娇宠得很……因为他们生活于一个"没有规范的文化环境"之中,在他们的潜意识中,压根儿就没有遵循规范、遵守秩序的意识,长大了以后,也并不将规范和秩序放在眼里,目空一切而无所顾忌。

第三,"愤世嫉俗"的人容易产生玩世不恭。

这类人,或是因为他们的生活过于接近"上层"或"高层",或是因为他们过于接近社会的"深层",或是在他们的生活经历中有不少的"坎坷",因而他们所遇见的不平之事太多,所看到的不公之事太多,而且他们还发现:"道德家的理论与实践家的贪婪"往往集一人的身上。"反差"是非常强烈的,然而他们自己的良心呢?又没有完全被"泯灭",更不愿与"黑"的东西同流合污。于是,或是出自一种"做人的清高",或是出自一种"正义之气",或是出自一种

"内心的真正愤怒"，或是出自一种"无力的反抗"，或是出自做人的"起码的良心"，或是……

第四，以下这些生活经历的人容易玩世不恭。

譬如说，有的人本来抱有"雄心壮志"，对自己人生的期望值很高，然而他的"命运"总是"不济"，一系列意外的打击一个接一个，在他历经"人生沧桑"、遭受种种"磨难"之后，终于使他心灰意冷，于是"患"上了"玩世不恭症"。

如，有的人道德情操倒是蛮高的，做人作风亦很正派，因为看不惯"世风日下"，对社会的"道德沦丧"亦深恶痛绝，在一而再、再而三地"斗争"之后，自己的确感到"无回天之力"后，于是，在内心深处萌生了一种"看破红尘"的心态，从而"患"上了"玩世不恭症"。

有的人在自己的单位或小群体之中，因为看到"当官者"昏庸无能，重用"小人"，单位内好人受气、坏人神气，自己身心清高，很不愿攀附"恶势力"，更不愿与那些"小人"同流合污，于是，在内心深处慢慢地滋长了一种"什么都不愿干、什么都不想问，天塌下来都与我无关"的冷漠态度，天长日久，自觉或不自觉地"患"上了"玩世不恭症"。

有的人因良心丧失、道德沦丧，做了不少严重的违法乱纪的事，当他受到了社会的"重重惩罚"之后，一方面在受到社会教育之后由于良心的自我谴责；另一方面又感到自此之后，自己的前途完了，再也无法重新做人了，于是，精神再也振作不起来，便自然而然地出现各种"玩世不恭症"了。

有的人也实在无能，说也说不出"名堂"，干也干不出"花样"，做工作，除了失败之外就是不成功，实际上这类人总是将自己置于"被人瞧不起的位置"来，时间一长，不仅内心十分痛苦，而且伴随着的就是自尊心的严重丧失，于是，工作极其被动，没有一点主动性和进取精神，"玩世不恭症"的各种"临床表现"自动地降临到这类人的身上。

那么，当今玩世不恭者为什么会多了起来？与社会的失误有没有关系？

不仅有，而且这个因素很重要。作为社会来说，一个明显的事实是，剧变的社会大大地削弱了原有社会对人们的控制，大大地削弱了传统的价值观念对人的社会行为的制约力量。这是玩世不恭流行的基础，当然，"玩世不恭"的"流行"又反过来减弱了社会的控制力量。

此外，由于社会严重的不正之风和腐败行为的泛滥，使那些原来的非常"神圣的东西"变得不那么"神圣"了；的确，当今社会有不少带着"神圣角色面具"的人还在那里不断地、经常地进行"自我亵渎"，于是，作为一种"报复"，人们就会以"玩世不恭"的态度对待之。

还必须看到，在一些影响颇大的电视、电影、小说等文艺作品中，"玩世不恭者"的人生态度不仅没有受到应有的批评，却反而以一种异常轻松的、赞赏式的态度得到了"肯定"、得到了"认同"，甚至得到了"歌颂"。

的确，这是一种社会的"反常"。但在这种"反常"的背后却又表现出一定的"必然性"：即当社会上的人们在遇到种种社会不公、想改变可又显得无能为力时，不少人就以"玩世不恭"的态度去对"现行秩序"进行讽刺、讥笑，将此作为一种"无奈的宣泄"来表示。我们的社会生活中还涌出了这样一批具有特殊身分的人：他们"有根子""有后台"，熟知自己周围所发生的一切，因为自己的"良知"还未"泯灭"，可又不愿同流合污，于是"仗着"自己谁都"不敢动""不敢碰"的背景，就采用"玩世不恭"的态度作为自己的"无力的反抗"。

总之，当今社会玩世不恭之剧增，实乃是一种"失范了的文化"和"失范了的社会控制"的产物。

因为玩世不恭的人所持的玩世不恭的生活态度、处世哲学并不能使这个社会得到真正的前进，他们胸无大志，追求的则是个人短暂的纵情声色、放荡不羁的人生享乐；因为玩世不恭的人是对社会责任的一种逃避，玩世不恭的态度并不能真正地改变社会的不公、不平，相反地它只能使社会越来越不公；因为玩世不恭所批判的、抛弃的东西，恰恰是这个社会需要的东西，玩世不恭不能使社会进步；因为一个社会持玩世不恭者越多，那么这个社会的无赖、痞子也会越来越多，社会只能越来越无序、混乱……总之，它是属于社会的一种消极心理现象。

关键是，面对玩世不恭的流行，我们该怎么办？

我想，既要从个人如何做人的微观做起，又要从整个社会的宏观做起，双管齐下，才能将当前这股不良的玩世不恭心态扭转过来。

对此，只靠简单的说教和道德的批判恐怕是难以消除玩世不恭的，应该弄清楚玩世不恭产生的个人原因，从他们的生活经验中去寻找问题的答案。

这就要让人们记住：作为人，任何时候都要理性一点，不要凭着感觉去做事。

要从培养人的社会责任心着手，不要将自己置于"看客""看笑话"的位置。要让人们懂得，如果我们这个社会的人都采取不负责任的玩世不恭的态度，我们这个社会将成为什么样子。

要让每一个人都明白做人的价值，要将自己的人生价值定位于自己的学习中、工作中，也就是说，如果当代的年轻人实现自己有价值的人生会给自己带来什么时，就不会采取什么都满不在乎的态度了。

当然，还有一点必须要记住的，要改变作为社会中的一种玩世不恭倾向，一定要从社会的"深层次"做起，一定要从改变社会整个的"文化氛围"做起，一定要从改变控制社会的人的社会行为做起。

（邵道生）

在困境中向往美好

　　报社来了一些实习生，我也带了一个，是新闻学院快毕业的姑娘。我给她出的题目是去找一个建筑工地，和打工的外地民工生活一天。我自己给自己的任务是和一个捡垃圾的人生活一天。我们要策划四大版的"普通人在城市的一天"这样一个选题。

　　第二天各路人马都回到了报社，大家似乎都有收获。有人讲得非常感人，我带的那个实习生讲得最感人。她说她在一个建筑工地上碰见了一个小姑娘，那个小姑娘是工地上用手工弯铁丝网的，一天要干十几个小时。

　　她讲，她的最大愿望就是看看天安门。很小从课本上知道了首都北京有个天安门，但她来了也没有时间去看，因为她在工地上要从早上8点一直干到夜里。太累了，工头也不让她晚上走出工地，没有一个休息日，因为要赶工期。她说她最大的愿望就是干完了这个短工，去天安门看一看。

　　一个人一生最大的愿望就是去看一看天安门！而为此她要付出在一家工地工作三个月的代价。我们很多人经常经过天安门，早已熟视无睹了。但实习生的这个故事让大家都有些震动。

我跟一个从河南来的捡垃圾的老头生活了一天。早晨7点钟，在朝阳区一个郊区空地中，几百个捡垃圾的人在交易头一天捡的垃圾，那种情景让我想起狄更斯笔下的伦敦：几百个衣衫褴褛的人在卖垃圾，收垃圾的人把垃圾收走，然后，他们就提着空蛇皮袋，四散而去了。

这是一些生活在城市夹缝中的外乡人，以中老年人为主。我和河南老人一边沿着他固定的线路走，一边听他说话。他熟悉活动区的每一只垃圾桶，每一个垃圾堆。他讲了许多，那种感觉很像余华的小说《活着》中一个老人给一个青年讲活着的故事，非常像。讲人的生生死死，恩恩怨怨。到了晚上，我和他一起回到郊区他租住的一间小平房，那是一间只有7平方米左右的小房子。他拉开了墙上的一个小布帘，在墙上有一面木架子，上面从上到下摆满了各种各样的空香水瓶！那些都是他的收藏。香水瓶的造型大都很好看，老人搜集的足有二百多个，一刹那它们的美让我震惊，也让这个老人的小屋和他底层的人生发亮了。

这两个故事都是真实的。他们是生活中的乐观者，卑微愿望的满足者，也是热爱生活的人。

（邱华栋）

快乐的本源

　　那是一个酷热的夏日黄昏。我下班途中遇到一截坡路，便下了自行车吃力地推着前行。我注意到前方有很笨重的东西在一点一点地移动，近了才看清——那是一个三口之家，男人粗矮，牛一般负着辆破旧而硕大的板车朝坡上拉。板车内杂陈着货柜、炉子、铅桶、炊具、碗碟之类的物什，满满的，叮咣叮咣响个不停。脏兮兮的女人和小孩坐在脏兮兮的板车中，最让我吃惊的是，那女人竟然可以丑成那样儿，蓬乱的脏发，扭曲的面孔，塌陷的鼻子，不整的衣着。但这一切，并不影响女人，她旁若无人而又自得其乐地一会儿啃两口西瓜，一会儿嗑几粒葵花子儿，一会儿又哼两句小曲儿。

　　小孩也自顾拨弄那些叮咣作响的物什。男人在前头绷着劲、流着汗，却是那么的心甘情愿。我想他们一定是在附近哪条街上做小本经营的，那移动的板车便是一家三口多半的家当吧。我正寻思着，却被一阵"嘣嘣嘣"的声音和随之而来的毫无遮掩的大笑所打断。弄不清是男人脚底滑了一下还是由于埋头疯玩的小子不慎碰撞，板车上好些东西竟跌下来，顺着陡坡骨碌碌往下滚，滚得很生动，也很滑稽。首先是女人愣了一愣，瞅一眼男人，又瞅一眼儿子，竟放嗓大笑起来，笑得脸更扭曲嘴更宽阔，那乱衣中的丰乳也隐约地颤动。儿子跟着咯咯咯地笑起来。男人看一眼就要上完的陡坡，也忍不住憨笑起来。一家三口荡气回肠地笑着，那样放肆，那样畅快，全然不顾身旁那些豪华的高楼、穿梭的小车和过往的衣着时髦的匆匆路人。

我突然有一种很深的感动充盈内心。我竟很强烈地羡慕起这血色黄昏中的三口之家。原来快乐是那么简单的，哪怕丑成那样，穷困潦倒成那样，却丝毫不妨碍快乐的造访。当我们大多数都市人为着物质与名利，高度紧张地拼命和争斗的时候，可否静下来，远离那陀螺式的生活，细细思索一番快乐的本源呢？

（段代洪）

关照人就是关照自己

　　蜚声世界的美国石油大王哈默在成功前，曾一度是个不幸的逃难者。有一年冬天，年轻的哈默随一群同伴流亡到美国南加州一个名叫沃尔逊的小镇上。在那儿，他认识了善良的镇长杰克逊。

　　一天，冬雨霏霏，镇长门前花圃旁的小路成了一片泥淖。于是，行人就从花圃里穿过，弄得花圃里一片狼藉。哈默替镇长痛惜，便不顾寒雨淋身，一个人站在雨中看护花圃，让行人从泥泞的小路上穿行。镇长回来了，他挑了一担煤渣，在一头雾水的哈默面前，从从容容地把煤渣铺在了泥淖的小路上，结果，再也没有人从花圃里穿行了。最后，镇长意味深长地对哈默说："你看，关照别人，其实就是关照自己，有什么不好？"

　　可以说，镇长杰克逊对哈默后来的成功起了不可估量的作用。哈默成功后，曾对不理解他有一阵子减少石油输出量、说这与他石油大王身份不符的记者的提问回答道："关照别人就是关照自己。

　　而那些想在竞争中出人头地的人如果知道，关照别人需要的只是一点点的理解与大度，却能赢来意想不到的收获，那他一定会后悔不迭的。关照是一种最有力量的方式，也是一条最好的路。"哈默的成功之路，就是走的一条关照的路，而关照别人，不仅能够赢得意想不到的收获，还有可能改变自己的一生。

乔治·伯特是美国著名的渥道夫·爱斯特莉亚饭店的第一任总经理，他正是用关照别人的善良和真诚，换来了自己一生辉煌的回报。那时，他只是一家饭馆的年轻服务员，一个暴风雨的晚上，一对老夫妇来旅馆订房，可是，旅馆所有的房间都被团体包下了，而附近的旅馆也都客满了。看着老夫妇一脸的无奈，乔治·伯特想到了自己的房间，他对老夫妇说："先生、太太，在这样的夜晚，我实在不敢想象你们离开这里却又投宿无门的处境，如果你们不嫌弃的话，可以在我的房间里住上一晚，那里虽然不是豪华套房，却十分干净，我今天晚上在这里加班工作。"老夫妇感到给这个服务生增添了不少麻烦，很是不好意思，但他们还是谦和有礼地接受了服务生的好意。第二天早上，他们要付给这个服务生住宿费，但被他拒绝了："我的房间是免费借给你们的，我昨天晚上在这里已经挣了额外的钟点费，房间的费用本来就包含在里面了。"老先生很是感动，说："你这样的员工是每一个旅馆老板梦寐以求的，也许有一天，我会为你盖一座旅馆。"年轻的服务生笑了笑，他明白老先生的好心，但他知道这是一个笑话。

几年后的一天，仍在那个旅馆上班的乔治·伯特忽然收到了老先生的来信，请他到曼哈顿去见面，并附上了往返的机票。乔治·

伯特来到曼哈顿，在第五大道和三十四街之间的豪华建筑物前见到了老先生。老先生指着眼前的建筑物说："这是我专门为你建造的饭店，我以前曾经说过的，你还记得吗？"乔治·伯特吃惊极了："你在开玩笑吧？我真糊涂了，请问这是为什么？"老先生很温和地说："我的名字叫威廉·渥道夫·爱斯特，这其中没什么阴谋，只因为我认为，你是经营这家饭店的最佳人选。"谁能想到，这年轻的服务生对老夫妇的一次关照，却赢得了自己一生的幸运和收获。

是的，生活中很多时候，有许多我们用金钱和智慧千方百计得不到的东西，却因为一点点温暖、真诚、爱心和善良，轻而易举地就得到了。只是因为，很多时候，这些看似平凡而又简单的付出，却比金钱和智慧放射出更加诱人的光亮和色彩，却比金钱和智慧更加令人需要和愉悦。

记住，给别人掌声，自己周围掌声四起；给别人机会，成功正在向自己走近；给别人关照，就是关照自己。

（张占平）

豁达

　　雪天路滑，摔倒了，全身生疼，别骂、定定神，缓缓疼，高兴地站起来前行就得了，幸亏摔了一跤，摔三跤五跤，你还赖在路上不起来不成？走着走着，车胎没气了，别骂。不就扎了一个小图钉吗？人的脚上都还有扎刺的时候呢。

　　面对着日复一日、单调乏味的事儿，别怕。有事干就是福，这正说明你有工作、有收入。面对日渐增多的白发，别怕。花开纵有千日红，人生谁不白头翁？黑发年少懵懂过，老来更知人生乐。家有高中读书郎，别愁。不要说："家有读书郎，愁坏爹和娘。"而要想，家有书卷香，前程通四方。自己得病了，别愁。愁也一天，乐也一天。嘻嘻哈哈活长命，气气恼恼易生病。

　　读书学艺，进步不快，别急。一口吃不成胖子，吃成胖子也不像样子。速生的竹子哪能比得上慢长的松树哇。创家立业，未能一步到位，别急。白米细面，土中提炼。要想吃饭，就得出汗。心急吃不上热豆腐哇！

　　单位的领导强调工作纪律，别烦。这首先说明你有单位、有工作。下了岗，没单位，才叫烦呢。面对妻子的唠叨，别烦。一位妻亡家毁的富翁说，有家，有妻子，真好。能一起吃饭，能一起说话，就是一起吵架也好哇！

去银行取款，发现扣了税，别怨。这说明你有个人所得收入。扣税越多，不是说明个人收入也越多吗？行车被交警罚款，别怨。十次车祸九违章，掏钱买教训，这等于给你系上了安全带，你偷着乐去吧。

自己没做上官，别悔。有本事，有心情，做百姓也乐意；劳累身，委屈心，当神也烦恼。有人在背后给你使了坏，你没来得及回敬他一下，别悔。他一脚踩了玫瑰花，玫瑰花反而把香味留在他鞋上了。这就是宽容。宽容是美德，吃亏也算福哇。

人的一生，从呱呱坠地到古稀七十，也不过两万多天罢了。无端地让心空布满阴云，多可怕呀！再说，坎坷不平，是人生的正常状态；一帆风顺，倒是人生的偶然状态。人生的诀窍在于豁达，学会豁达，生活就快乐多了。

（刘光荣）

行动比抱怨更有效

在我们身边，总有一些喜欢抱怨的人，他们抱怨领导，抱怨家人，抱怨环境，抱怨生活，抱怨社会。可是，更多的时候，抱怨是无济于事的。没有人喜欢和一个絮絮叨叨、满腹牢骚的人在一起相处。再说，太多的抱怨只能证明你缺乏能力，无法解决问题，才会将一切不顺利归于种种客观因素。若是你的上司见你整日哼哼唧唧，他恐怕会认为你做事太被动，不足以托付重任。所以有发牢骚的工夫，还不如动动脑筋想想办法：事情为什么会这样？怎么才能把它解决掉？

有个小故事相信很多人都看过，说是一个人被老虎追赶，情急中攀上悬崖绝壁的一根枯藤。这时，老虎在下面咆哮，这个人紧紧抓住枯藤不敢松手。在万分紧急的时刻他猛然抬起头，看见悬崖上一只老鼠正在啃这根枯藤，已经啃了一大半，很快就会啃断。面对此种险境，如果是你，你会怎么办？会不会憎恨老虎抱怨老鼠？再看这个人，他正在焦急之时，突然发现眼前的绝壁中有一颗鲜艳的草莓。他忘了下面正在咆哮的老虎，忘了上面正在啃藤的老鼠，而是伸出一只手摘下那颗草莓放在嘴里。当草莓的清香流进心里，他顿时有了动力，跃身跳上绝壁，逃过老虎的追击。

这个故事或许不太真实，但它揭示的道理却令人震撼。在危机关头，抱怨是最消耗能量的无益举动。美国最伟大、最受尊崇的心灵导师之一威尔·鲍温在《不抱怨的世界》中提出了神奇的"不抱怨"运动，它正是我们现代人最需要的。天下只有三种事：我的事，他的事，老天的事。抱怨自己的人，应该试着学习接纳自己；抱怨他人的人，应该试着把抱怨转成请求；抱怨老天的人，请试着用祈祷的方式来诉求你的愿望。这样一来，你的生活会有想象不到的大转变，你的人生也会更加地美好、圆满。

所以抛弃抱怨，积极行动才是最重要最有效的。比如写作，当然是件辛苦事，但写作之前一个人往往会想，这篇文章应当有怎样的主题，怎样既能契合大众的阅读口味又能达到精英水准，寄给编辑能不能被采用。文章以外的种种考虑有时比写一篇文章更给人添累。当你提起笔把写好写精彩作为努力的方向，抛开种种功利目的的考虑，尽可能做到淋漓酣畅地表达，这样写的结果，反而会很成功，至少不会失败。

请记住，同事和朋友只是你的工作伙伴，就算你抱怨得句句有理，谁愿意洗耳恭听你的指责？每个人都有貌似坚强实则脆弱的自尊心，凭什么对你的冷言冷语一再宽容？很多人会介意你的态度："你以为你是谁？"在一个竞争激烈的社会，每个人都在追求成功，你只有让自己变得强大起来，才能让别人看得起你，才能接近成功。而不能靠抱怨获得别人的同情，施舍给你成功。那样的成功是短暂的、没有喜悦感的。

借用《不抱怨的世界》中的话送给时下年轻人，相信大有益处：我们的抱怨多半都只是一堆"听觉污染"，有害我们的幸福健康；这不是赛跑，而是一种过程；改变你的措辞，看着自己的生命有所改变；学会不抱怨之后，心情会比较开朗，也会有能量去面对生活中的各种难题；当不抱怨变成一种个性的特质，最大的受惠者还是自己；凡是你所渴望的东西，你都能够得到。

（柯云路）